墨子早就懂針孔成像？春秋時期擁有專業外科團隊？
圓周率、開平方根、多項式通通難不倒古人！

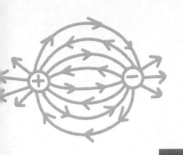

可以，這很科學

What Is Science

張天蓉 ——— 著

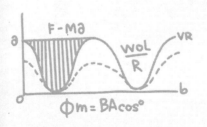

讓我們沿著自然科學史和科學哲學的漫漫長路，
探究這棵如今已經根深葉茂、庇護人類的科學之樹。

目錄

目錄 ────────────────

第六章 科學之方法

尾聲 科學與文明社會

附錄

目錄

前言

賽先生即科學（science），科學這個名詞，在現在的社會是一個廣為人知的熱門詞彙。越來越多的學科和領域被冠以「科學」，甚至包括許多人文學科在內。不過，就當年請進中國的「賽先生」而言，主要指的是現代自然科學。所以，本書中我們沿用這個概念：主要從現代自然科學來敘述科學的起源、誕生和發展，來探討「科學」一詞的含義，以及所謂科學的若干屬性。

然而，書中涉及的內容，並不僅限於現代自然科學。特別是：科學之思想、精神及方法，是可以推廣應用於任何領域的。筆者的觀點是，就學科而言，不應該給科學和非科學強制設定任何明確的界限。與其花費口舌去爭論「哪門學科（某個理論）是否屬於科學」，還不如盡量使其接受科學思想，應用科學方法，走上「科學化」之路！

那麼，下面的問題是：（現代）科學到底是什麼？怎樣才是具備真正的科學精神？科學思想是如何產生的？在人類文明發展的歷史長河中，科學誕生於何時何地？是哪些因素促成了科學的發生和成長？科學與數學是什麼關係？科學與技術、科學與教育的關係又如何？

本書旨在解答你對「科學」的這些疑惑，或許可以將本書的

前言 ————————————————

內容稱為「科學之科學」。

科學的原名是 science，賽先生這個詞彙誕生僅 100 年，現代自然科學的發源卻是在近千年前。而科學思想的萌芽、科學方法的使用，甚至可以追溯至 2,000 多年前的古希臘。因此也可以說，本書敘述的是「百年千年賽先生」。

另外，科學產生和發展的歷史過程也令人不解。亞洲許多文明歷史悠久、源遠流長，人們頗能吃苦耐勞，在歷史上似乎也不乏著名的思想家和能工巧匠，但為什麼現代科學沒有誕生於東方而是誕生於西方呢？

這個問題在二十世紀初就被學者提出，之後成為著名的「李約瑟難題」，曾經引起各界的關注和熱烈討論，可謂至今不衰。李約瑟（Joseph Needham）是一個英國學者，原來是劍橋大學的著名生化學家和教授，在 1930 年代時與一位在劍橋大學讀博士學位的魯桂珍發生了婚外情，也許是因為愛屋及烏，李約瑟從那時起就開始潛心研究中國科技史，他認為中國古代對人類科技發展做出了很多重要貢獻，甚至認為古中國的科技水準超前西方數百年。由此他提出了「為什麼科學和工業革命沒有在近代的中國發生？」「中國近代科學為什麼落後？」之類的「李約瑟難題」。

筆者認為他提出的問題很值得探究和思考。此外，在談及人類思想發展的問題上，必須將科學和技術分別看待，因為兩

者產生和發展的驅動力是完全不同的。技術可以誕生於人的功利之心，科學卻更反映了人類對大自然運行規律純粹的追求和好奇。

如今表面上看，大眾對賽先生早就已經不陌生。特別是近幾年，快捷而方便的手機等通訊工具，已經是「婦孺皆用」。透過這種種的高科技產品，每個人都能深切地體會到科學技術對當今社會的重要性，每個人都盡情享受著「高科技」帶來的百般福利和快樂！學科學、愛科學、用科學、了解科學，似乎已經成為一種社會時尚，也深刻反映了現代教育的理念、父母一代的期望以及眾多青少年的抱負和理想。

然而，表象之下存在失誤，大多數人了解和熱衷的「科技」其實指的是「技術」，特別指的是技術帶來的便利成果，以及帶科幻色彩的想像。固然，科學和技術密切相關、不可分割，科幻作品也不可或缺。但是，如果要提高全民的科學素養，還得加強基礎科學知識的普及。

一個國家的崛起離不開科學技術的崛起，因此，對科學知識的廣泛普及迫在眉睫。

此外，探索李約瑟難題，不僅僅要研究科學史，傳播科學知識，也需要對科學涉及的方方面面有所了解：科學概念是如何形成的？囊括哪些內容？有哪些具體的科學研究方法？科學思想之精髓何在？科學與哲學、宗教、人類思維，以及與數

前言

學、技術、工程等其他領域的關係如何？廣大民眾對這些知識
都有了解的願望和需求。

如果就專業術語而言，上段中所提及的課題涉及科學史、
數學史、技術史、思想史、人類文明史、科學哲學、科學與宗
教、科學與教育等多個範疇，可以分別用數本專業科普書一一
加以介紹。然而，大多數讀者僅僅需要對某些方面有大致的了
解，澄清腦海中的一些疑問，並沒有必要大量的閱讀和研究來
解決這些問題。

因此，本書便是針對上述範圍內的讀者，沿著自然科學史
和科學哲學的發展途徑，簡要地介紹這棵如今看起來已經根深
葉茂、庇護著全人類的參天「科學」大樹。它根源於哪些地域？
主幹立於何方？枝葉有多茂盛？整體又是何種景象？

本書在追溯科學史的過程中，也追蹤中國古代科學技術發
展的軌跡，簡單探究科學沒有誕生、發展於中東方的原因，東
方人的思維特點中存在哪些不利於科學的因素；我們應該如何
克服自身的不足，才能迎上世界科技的最先進水準。

作者希望透過本書，帶領讀者經歷一個有意義的閱讀之
旅，為想了解科學的民眾去疑解惑，也期望本書能在科學教育
中彌補其他專業科普書難以發揮的功能。

本書以科學家的角度論科學，具體事例多於抽象的概念描

述。又因作者是理論物理專業出身，所以大多數例子屬於物理學和天文學範疇，對生物、化學、地理等其他科學領域著墨不多。此外，本書涉及的大多是有關科學哲學及科學史，算是人文學科。對某些問題的看法，也許在學界頗有爭議，可謂見仁見智，難有定論，作者基本根據較主流觀點及自己的判斷來做選擇，僅供讀者參考。

前言 ———————————————————————

第一章　科學之起源

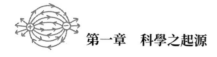

　　我們在前言中多次使用了「科學」這個詞彙，但至今為止對它卻沒有任何定義。這是因為事實上科學很難被確切地定義。那麼，讓我們首先從「科學的起源」說起，先從歷史進程中來體會一下「什麼是科學？」。

　　如今，世界人口超過 70 億，包括各色人種和眾多民族。但有些頗為令人意外的是，根據人類演化歷史的研究及現代 DNA 技術的追蹤，這幾十億的人口，很有可能來源於一個共同的祖先：非洲人。也就是說，人類的演化過程可以畫成一棵樹，非洲人是樹幹，歐亞人及其他人種和民族都是後來不斷分化的枝杈。

　　人類的祖先用雙腳走出非洲，遍遊世界，將後代延續繁衍到地球各處。之後，人類產生了思想、語言、文字，再更進一步，人類逐漸沿河而居發展農業，不再遷徙和流浪，而是聚集在一起建立了城市和國家，並因之而獨立誕生了好幾個「文明古國」，其中包括西元前 3500 年左右的兩河文明、西元前 3000 年左右尼羅河畔的埃及文明、西元前 2500 年左右恆河流域的古印度文明，以及西元前 2000 年左右黃河長江流域的中國文明。

　　儘管多種人類文明獨立誕生於不同的地區，各自形成了不同的特色，但是，作為人類文明思想精華之一的現代自然「科學」，卻起源於唯一的一個地方：古希臘。

　　將範圍縮得更小一些，科學起源於古希臘的一個叫米利都的城市。當年那裡有一位如今被稱為人類第一位科學家的哲學先賢 —— 泰利斯（Thales）。

　　為什麼科學沒有起源於上述幾個著名的文明古國之一，而是誕生於古希臘？這是偶然發生的，還是歷史的必然？憑什麼說古希臘的泰利斯是第一位科學家？泰利斯及古希臘學者們對科學作了哪些貢獻？墨子能算中國的第一位科學家嗎？墨子對科學作了哪些貢獻？

1 第一位科學家

科學為何誕生於古希臘？

　　科學為何獨獨誕生於古希臘而非別處？答案有些出乎人們的意料，其原因竟然與古希臘的地理環境有關！

　　事實上，西元前 500 ～ 600 年，人類幾大古文明世界不約而同地、獨立地經歷了一場翻天覆地的文化突變，這不能不說是一個奇蹟！世界上各個文明發源地，伴隨著當時在冶金及建築等技術方面取得的不少輝煌成就，均出現了一個思想家輩出、哲學派別林立的興旺場面，並且各自形成了自己的特色和風格，各方的宗教思想也逐漸嚴密化和系統化，東西方哲學思想的發展開始分道揚鑣。因此，有後人將那個時代稱為「軸心世紀」（德語：Achsenzeit），被描述為是人類文明歷史上「最深刻的分界線」。

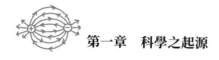

在所謂的「分界線」年代，中國有孔子、老子、墨子、莊子、列子等諸子百家，印度有釋迦牟尼，古代波斯出現了祆教（拜火教）……人類的幾大古文明社會開始透過不同的哲學反思方式來理解這個世界。

古希臘的地理環境有何特點呢？如上所述，多數古文明都是始於農業的發展（馬雅文明除外，是叢林文明），因此，大多數文明古國都建立於江河流域，因為河流的生態系統和灌溉能力為人類農業活動提供了豐富充沛的食物和寬廣肥沃的土地；而古希臘呢，並不具備這種條件。如今公認的科學之發源地米利都（Miletus），位於愛琴海東部沿岸，屬於古希臘愛奧尼亞（Ionia）諸島一帶，這裡沒有河流，只有廣闊的海洋；沒有廣大肥沃的平原，只有貧瘠的山地。如此的地理條件，既不利於發展農業，也不方便建立大一統的帝國。愛奧尼亞一帶多山，但沿岸有一個個的出海口，它們位於多面環山一面朝海的山谷中。這些出海口向內的陸路交通被群山阻隔，但透過海路與其他文明地區的交流卻極為便利，因而使得以航海為基礎的自由商業貿易迅速發展起來，形成了頗為富裕的、自治的、互相沒有依附關係的獨立城邦，米利都便是當時較大的 12 個城邦之一。

因此，古希臘沒有出現原生文明。然而，正是這種特殊的生存環境，加之愛琴海一帶靠近古埃及和兩河流域，頻繁興旺的商業活動不時帶來這兩種文明的相關資訊，思想家們避其短而取其長，從中汲取豐富的養分。古希臘距離埃及和巴比倫雖

然較近，但又有足夠的距離使得它能保持自己的特色，並由此孕育出了一種特別的、獨一無二的、崇尚科學與自由思想的、有著海洋色彩的文明。

總而言之，特別的地理條件和某些相應的歷史原因，導致科學發端於古希臘，著名物理學家薛丁格（Erwin Schrödinger）曾經將其原因大致歸納為如下 3 點：

1. 古希臘愛奧尼亞島嶼上以及沿岸自治繁榮的小城邦，實行的是類似於共和制的政治。
2. 航海貿易刺激經濟，商業交換促進技術發展，由此而加速了思想交流，衝擊科學理論的形成。
3. 愛奧尼亞人大多不信教，沒有像巴比倫和埃及那樣的世襲特權的神職等級，有利於倡導獨立思想新時代的興起。

自然科學歸根結底是脫胎於哲學，也得益於數理邏輯。在古希臘時期，科學和哲學是不分家的，因此科學也被稱為「自然哲學」（natural philosophy）。古希臘特定的歷史條件、獨特的地理環境，以及豐厚的文化背景，使其哲學思想獨具一格。與後來東西方分別發展的哲學思想比較起來，有其自身的突出特點。比如說，古印度哲學多探討人與神的關係；中國哲學家們大多熱衷於研究如何安國興邦平天下，探討的是人與人的關係。唯獨古希臘哲學家們，喜好研究自然本身的規律，探討的是人與自然的關係，而這正是科學的本質。

泰利斯何許人也？

　　泰利斯出生於米利都（圖 1-1-1），儘管當年愛奧尼亞的這個城邦名義上屬於波斯統治，但基於如上所述的原因，米利都實際上具有很大的獨立性。米利都的大多數居民，是在西元前 1500 年左右從克里特島遷來的移民。克里特島（Crete）在米利都的西南方，位處古埃及、巴比倫文明的活動範圍以內。而到了泰利斯的父母一代，他們原是東南方向善於航海和經商的腓尼基人，也算是奴隸主貴族階級。因此，泰利斯從小受到良好的教育，且早年隨父母經商，曾遊歷埃及、巴比倫、美索不達米亞平原等地。泰利斯興趣廣泛，涉及數學、天文觀測、土地丈量等各個領域，遊歷過程中學習到很多知識。

（a）　　　　　　　　　　（b）

圖 1-1-1　泰利斯（a）和米利都（b）

　　儘管泰利斯自己沒有留下文字著作，但他的事蹟廣為人

知，被同代人流傳，被後人所記載，人們認為他在各個領域都有卓越的貢獻和很高的造詣，是西方思想史上第一個有記載、有名字留下來的思想家。這位人稱「科學之祖」的偉大人物也在民間留下了很多軼聞趣事。

據說泰利斯有一次用騾子運鹽，一頭騾子不小心滑倒跌入溪水中，背上的鹽被迅速溶解了一部分，於是這頭狡猾的騾子每到一處溪水旁就打一次滾，故意讓鹽溶解以減輕負擔。泰利斯發現了這點，便將計就計，有時讓這騾子改馱海綿，騾子到溪邊照樣打滾，卻發現負擔越來越重。最後，聰明的泰利斯終於使那頭騾子改掉了溪邊打滾的習慣，老老實實地繼續馱鹽。

泰利斯還有幾個預言成真的故事：他曾經預言有一年雅典的橄欖會豐收，並乘機購買了米利都所有的橄欖榨油機，抬高價格壟斷了榨油業，於是大賺了一筆，他以此證明自己如果把重心放在經商上，有潛力成為一個精明的商人。

據說泰利斯利用他學到的天文知識，預測到了西元前 585 年的一次日食。這點可見於古希臘歷史學家希羅多德（Herodotus）在其史學名著《歷史》（*Historiae*）中的記述：

> 「米利都人泰利斯曾向愛奧尼亞人預言了這個事件，他向他們預言在哪一年會有這樣的事件發生，而實際上這預言也應驗了。」

後人對泰利斯預言日食這件事頗有爭議。筆者認為，根據人類當時的天文觀點，泰利斯當然不可能從「日地月」的運動位

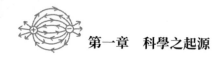

置關係上來做出日食預測，但泰利斯有可能得到了古巴比倫人從一整個世紀的天文觀察資料，總結出「日食按照 233 個朔望月週期重複出現」的規律，從而能夠推斷出哪一年將重複發生日食。

據說在那年，米底（Medes）和利底亞（Lydia）的軍隊正準備打仗，泰利斯的預言阻止了這場戰爭，因為古希臘人將日食視作上天將懲罰人類的一種警告，交戰雙方自然不願違背天意，於是便簽訂了停戰協議。根據現代天文學的知識，那是西元前 585 年 5 月 28 日的日食，泰利斯應該無法準確預測出日期，只能預料一個大概的年月而已。

泰利斯晚上沒事時，喜歡一邊散步一邊抬頭看天象，也冥思苦想哲學問題，腦海中則免不了思緒翻湧。但他只知研究天上的星星，卻看不到自己腳下的大洞，一次不小心掉進了井裡，女僕聽到呼救聲後，好不容易才將他救了上來。

泰利斯在想些什麼呢？作為第一位早期形上學（metaphysics）哲學家，他最常思考的是世界本源的問題。僅僅自己思考還不夠，泰利斯到晚年收了幾個學生，創立了米利都學派，共同研究天下萬物的本源問題。

米利都學派

世界萬物來自何處？

它們是由什麼構成的？

能否用單一的（或多個）本源來描述它們？

如何解釋觀察到的自然現象的本質？

……

這些，是當年古希臘哲學家們想要回答的問題。

米利都學派的主要人物有 3 位 —— 泰利斯、他的學生阿那克西曼德（Anaximander）以及學生的學生阿那克西美尼（Anaximenes）。

米利都學派的最重要特點是理性思維，這是走向科學的第一步。

古代的先民們，抬頭望天低頭看地，或曰「仰觀天象俯察地貌」。面對周圍五彩繽紛的世界，美麗的河流山川，飛禽走獸、紅花綠葉，人們難免會浮想聯翩，創造出無數的神話和傳說。每一個古老的民族都有自己的神話，形成各個民族文化的重要構成部分。此外，人們仰望星空，想像著美好的天堂，反之，也想像下面地殼深處可能有令人恐怖的地獄；而人生在世面對的是現實世界。又為了探求這三者的關係，便產生了各種宗教。

最早的人類，用宗教和神話來解釋世界，將所見所聞的現象，訴諸眾神，訴諸上蒼；米利都學派卻首開先河，將自然界

發生的一切，訴諸理性思維，訴諸自然本身，而不是訴諸某些超自然的力量。

首先，他們思考的是：世界是如何構成的？什麼是萬物之本源？

最簡單的假設是認為萬物都由同「一」種物質構成，即宇宙萬物來自「一個」共同的本源。泰利斯是思考這個問題的第一人，他宣稱這個共同的「原質」（prime stuff）是水。如今已無從得知泰利斯這個想法是如何得來，聽起來似乎顯得幼稚好笑，但即使是現在，如果讓一個沒有受過教育的人，從他所見物質中挑選一樣作為本源的話，「水」也算是一個合理的選擇。

萬物都需要水！泰利斯透過他對地球上事物細緻的觀察，感覺水是自然世界中最重要的東西，特別是生命所不可或缺的，水無處不在，被加熱後能變成捉摸不定的「氣」，冷凝後形成固態的冰。因此，泰利斯想，何不再進一步，認為水是最初的、最基本的東西呢？然後，水生萬物，組成了大千世界。當然，今天我們有了現代的物理學知識，有了原子結構理論及基本粒子標準模型，知道泰利斯的結論是錯誤的，但在當時的認知背景下，企圖將萬物歸於「一種起源」的提法本身，就可算是思想上的突破了。泰利斯還有一個觀點是「萬物有靈」，他認為整個宇宙都是有生命的，萬物皆有靈魂，才形成這個世界的千變萬化、生機盎然。

　　泰利斯「萬物始於水」的理論，是基於經驗觀察、又超越了經驗觀察而得到的理性推論和假設，這正是現代科學經常使用的方法。泰利斯的學生們發揚光大這種方法，卻又不滿意老師對世界的詮釋，互不相讓，各執一詞。

　　泰利斯的學生阿那克西曼德說，萬物怎麼能歸於一種「水」呢？水這種物質的形象太具體了！還不如想像出一種我們無法體驗到的某種「無窮」又「無定」的基本「原料」吧，世界由這種抽象的基本原料構成，不需要取材於人們常見到的自然物。阿那克西曼德不僅善於抽象，而且表現出的科學預見能力令人驚訝，例如，他提出了循環往復的宇宙論學說，與 2,000 多年後現代宇宙學中某些模型頗為相似。他思考生命起源，認為生命從濕氣元素中產生，人和其他動物最初都是魚，後來才離開水，來到陸地上，最後適應了乾燥的新環境，這聽起來與現代生物演化論有異曲同工之妙。

　　阿那克西曼德將泰利斯的萬物源於「水」，改造成萬物源於「無形」。不料，他自己也教出了一個叛逆的學生 —— 阿那克西美尼。阿那克西美尼宣稱萬物源於「氣」，他不僅提出此觀點，並且還透過稀釋和凝聚的過程來解釋「氣」如何形成了萬物：氣凝聚在一起組成水，水再進一步凝聚構成土，土再凝聚則成為石頭……反之，當氣變得稀薄時，它成為火，而氣的運動便形成了風。所以，萬物皆由「氣」組成，「氣」量的多寡形成不同

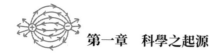

的物體。此外，阿那克西美尼觀察到：生命需要呼吸，呼吸時進出的物質就是氣，因此，氣才是構成世界的最基本元素。氣可以透過空間無限擴展，包圍和維持著一切，因此，整個世界和宇宙，都可以被看作是能呼吸的有機體。

當我們現在回顧古希臘科學家們的各種假說時，並不在乎這萬物之源是「水」、「火」、「氣」，還是其他，因為全是錯的。但我們透過梳理這段歷史，足以體會到這幾位先驅具有的科學精神，他們不畏權威、大膽質疑，既互相繼承，又互相否定。從他們各自的理論，似乎可以想像出當年師生之間自由辯論的學術風氣。他們的理論借助於經驗觀察，又開創出理性的精神，追求普適的規律，思考永恆的問題。他們不用神話和迷信來解釋世界，而是認為世間萬物都有自己的根源和邏輯。由於這些哲學家的努力，在科學史上豎起了第一座里程碑，就此播下了科學的種子！

科學究竟誕生於何時？是西元前的古希臘，還是 2,000 多年後的伽利略時代？答案至今頗有爭議，後者似乎更為合適。但即使不用「誕生」這個詞彙，學界也一般認為，現代自然科學起源於古希臘。當時的古希臘米利都一帶，由於特定的地理位置因素，形成了一種追求自由、崇尚理性、尊重智慧、研究自然的思辨精神，有利於科學的萌芽。

事實上，在古希臘年代，與其遙遙相望的東方古國 —— 中

國，正值春秋戰國的諸子百家時期（西元前 770～前 256 年）。那也是一段社會動盪、風雲變幻、百家爭鳴、人才輩出、學術風氣異常活躍的年代。那段時期的古中國，是否也埋下了科學的種子呢？

　　古希臘科學的特點是不拘一格、自由思辨，這種多少有點「不食人間煙火」的特色，需要某種貴族文化的支撐，換言之，古希臘科學是衣食無憂的貴族們「玩」出來的。無獨有偶，中國的春秋時期也崛起了一個特殊的階層——「士」，指的是一批憑自己的知識和技能維持生計的人物，可算是中國知識分子階層的老祖宗。他們原本來自不同的社會環境，有衰落的貴族，也有普通的庶民，因而在思想方面勇於創新，並有相對的自由和獨立性。他們不僅具有傑出的智慧，是著名思想家、政治家或科學家，而且還興教育、重學問，廣收門徒，聚眾講學。其代表人物便是歷史上所謂的「諸子」，如孔子、孟子、墨子、莊子、荀子、韓非等。他們各自著書立說，形成了儒家、墨家、道家、法家、名家等學術流派，即為「百家」。

　　基於中國文化的傳統特點，各家學派的基本宗旨大多是為所服務的國君提供政治策略。學者們周遊列國，為各方諸侯出謀劃策，例如：儒家的「仁政」、道家的「無為而治」、法家的「廢私立公」、墨家的「兼愛」等，各有所長，但最終目的都不外乎是穩定民心、打敗敵人、立國興邦、一統天下。

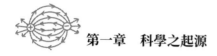

　　不過，寬鬆的政治環境和言論自由，畢竟是利於科學技術的，況且，某些應用科學（特別是技術）有「用處」，能促進農業的發展，有利於國計民生，當然也有利於統治階層。因此，可以說，春秋戰國時期，在物理、天文、中醫等方面，中國人也有了之後上千年都難以超越的輝煌成果。

2 中國古代的科學

《墨經》中的物理

　　墨家是諸子百家中，唯一重視自然科學研究和技術探討的學派。對此，梁啟超在其著作《墨子校釋》的自序評價說：「在吾國古籍中欲求與今世所謂科學精神相懸契者，《墨經》而已矣。」蔡元培也認為：「先秦唯墨子頗治科學。」

　　墨家學派的創始人墨翟（墨子），比希臘科學家第一人泰利斯晚 150 年左右。墨子一身兼具科學家、技術家和工匠多重身分，其弟子也多為來自社會下層的手工業者。墨家學派和追隨者都經常參加各種勞動，使得他們有條件對經驗知識進行理論上的思考和總結，總結出其中的規律，有意識地開展一些科學觀察和實驗活動，並形成特有的科技思想。這些思想和活動被記錄在《墨經》中。

《墨經》言簡意賅。全文 4 篇:〈經上〉、〈經說上〉、〈經下〉、〈經說下〉,約 180 條,每條分〈經〉和〈說〉兩部分。〈經〉是定義或命題,〈說〉為解釋和描述。內容包括邏輯、幾何、力學、光學等方面。首先舉兩例如下。

1. 定義「力」的概念

   〈經上〉:「力,刑(形)之所以奮也。」定義「力」為「奮」(物體狀態變化)的原因。

   〈經說上〉:「力,重之謂下。舉重,奮也。」進一步舉例(重力)解釋力是什麼。

2. 定義「時間空間」

   〈經上〉:「久,彌異時也;宇,彌異所也。」久是時間,宇是空間。

   〈經說上〉:「久,古今旦暮;宇,東西家南北。」時間用「古今旦暮」解釋,空間表明家之「東西南北」。

   此外,《墨經》(圖 1-2-1(a))中對浮體在水中的平衡、自由落體、運動和靜止、槓桿、斜面、重心等力學概念都進行了描述和研究。

   力學概念的研究顯然可以幫助製造有用的機械,這才有了《韓非子・外儲說》所記載的墨子做出的飛鷹飛上高空,幾日不落;《墨子・公輸》中記載的,當時製造器械的高手公輸班與墨子比賽中甘拜下風的有趣故事。

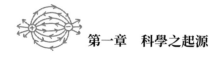

墨子和他的弟子們的工作中，最具「科學」意味（非技術）的是對幾何光學的研究。《墨經》中記錄的光學現象，必定是墨子等人有意地進行了一些光學實驗，比如：針孔成像、平面鏡成像、凹面鏡成像、凸面鏡成像等而發現的。8條〈經〉文，寥寥幾百字，清楚地記錄了各種環境下成像的過程，物體與光源之相對位置對影像大小的影響等等，尤為重要的是，這些實驗事實證明了「光線直線傳播」這個物理規律，從而奠定了幾何光學的理論基礎。

以針孔成像為例（圖 1-2-1（b））：

〈經下〉：「景到，在午有端與景長，說在端。」（譯文：影顛倒，光線相交，焦點與影子造成，是所謂焦點的原理。）

〈經說下〉：「景。光之人，煦若射，下者之人也高，高者之人也下。足蔽下光，故成景於上；首蔽上光，故成景於下。在遠近有端，與於光，故景庫內也。」（譯文：影，光線照人，像劍一樣直。射到下面就反射到高處，射到高處就反射到下面，因成影倒。足遮住下面的光，反射成影在上；頭遮住上面的光，反射成影在下。在物的遠處或近處有一小孔，物體為光的直線所射，反映於壁上，故影倒立於暗盒內。）

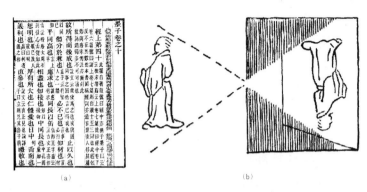

圖 1-2-1　墨經（a）與針孔成像（b）

　　《墨經》中探討物體影像的這段文字頗為有趣，反映了墨子對所觀測現象進行思考的科學精神。

　　墨子細緻觀察運動物體影像的變化規律，提出「景不徙」的命題。認為物體運動時，彷彿影子也在運動，這是一種錯覺。墨子認為，運動物體在每一刻產生的影子是不會移動的，物體從原來位置移動，原有的影像便消失了。物體在新的位置和新的光照條件下，將有新的影子，但這個影像是新形成的，並非前一瞬間的影像「移動」而來。也就是說，影像自身只能「形成」，不會「運動」。

　　雖然《墨經》中大多數文字是基於反覆觀察自然現象而做出的客觀記錄，但墨家弟子顯然也很重視探討產生這些現象的原因。〈經上〉中有一條：「巧傳則求其故。」「求其故」的意思就是揭示原因、本質和規律，這說明墨家對研究自然現象採取了一種與現代自然科學相似的方法。

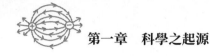

　　當然，不同於古希臘科學家們更為重視邏輯和思辨的哲學「玩」法，墨家科技思想的核心是功利主義。墨家研究科學的目的是「功，利民也」、「為天下興利除害」，不是單憑好奇心和求知慾，而是一種實用和「逐利」的科學價值觀。

　　綜上所述，墨家的科學實踐，首先是進行觀察和實驗，然後在此基礎上昇華到理論和思想，這與現代科學的方法是完全一致的。墨子比泰利斯晚了約 150 年，但應該是當之無愧的中國古代科學家（物理學家）第一人。可惜的是墨家的科學活動未能傳承下去。

　　墨家學派在春秋戰國時期影響很大。《韓非子·顯學》說：「世之顯學，儒墨也。」可見當時墨家的地位並不亞於儒家。但令人遺憾的是，墨家的科學精神並未被發揚光大，之後秦始皇統一中國，到了漢朝更是提倡獨尊儒術，多元變一元，百家爭鳴成了「一言堂」，墨家及其科技思想更是屢遭排斥。從漢代開始，墨學斷絕，《墨經》散佚。古華夏文明中的科學「種子」，尚未發芽就早逝於這片土壤之中！

古代的中醫和生物研究

　　扁鵲是春秋時期中國醫學的代表人物，與之後的華佗、張仲景、李時珍，並稱中國古代四大名醫。扁鵲開啟了中國醫學的先河，發明了望、聞、問、切四大中醫診法。

春秋時期出現了專職的醫生團隊，西元前 6 世紀至前 5 世紀的秦國還有了專門的宮廷醫療機構，醫學開始從巫術中分離，逐漸形成專科。傳統中醫理論逐漸形成，中醫著作也陸續問世。

　　《黃帝內經》是現存最早的中醫理論著作，對後世中醫學理論的奠定有深遠的影響；《神農本草經》則是現存最早的中藥學專著。這兩部中醫經典，雖然最後成書的朝代有所爭論，但其中包含了不少春秋戰國時期醫者們的貢獻，是無可非議的事實。

　　人體解剖學，是現代西方醫學研究的基礎之一，但你可能沒有想到，在 2,500 多年前的春秋時期，中國人已經開始解剖屍體，這使得人們對臟腑的認識有了顯著的進步。扁鵲和中庶子的對話中已明確提到了「臟」與「五臟」的概念，並有「胃腸」、「三焦」、「膀胱」等名稱。《黃帝內經》中的〈腸胃〉，記載了當時對人體消化道各個部分，包括唇、口、舌、咽、胃、大腸、小腸的位置、長度、廣度、重量、形狀、遞接關係等的了解。此外，〈經筋〉、〈骨度〉、〈脈度〉等，也都是當時實際解剖觀測結果的記述，對人體骨骼、血管等均有長度、重量的詳細記載，且和近代解剖學的數據相差不遠。

　　春秋戰國時期，人們對動植物也有豐富的觀測和研究紀錄。在《詩經》以及農事曆書《大戴禮記・夏小正》等古籍著作中，可見一斑。

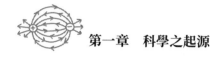

《詩經》中記錄了 2,500 多年前，產於中國黃河流域的絕大部分動植物。其中提到的植物有 143 種，動物 109 種，共 252 種。從《詩經》中還可看出，雖然當時還沒有關於動植物系統分類的記述，但已經有了動植物品種的概念。

農事曆書《夏小正》記錄每個月的星象供務農用，同時也記載了當月各種植物的生長形態、動物的活動習性等，為中國最早的生物學文獻，是一部可貴的物候學重要典籍。

綜上所述，中國春秋戰國時期的物理、生物、醫學等方面的科學發現，還有天文方面的觀測記錄均為世界首次。因此，當時中國科學的發達程度可以與古希臘相比較，但後來卻「東西分流」，走向了完全不同的方向。古希臘的科學思想發展成為現代自然科學，這是現代人類寶貴的共同財富；古代中國產生的華夏文明，雖然延續繼承至今，其中並沒有科學。春秋戰國時期曾經一度輝煌的科學顯然已經消失而不復存在了。消失的原因是多方面的，值得我們每個關心科技發展的人研究和深思。

3 科學和邏輯

古希臘科學屬於自然哲學的「思辨」模式，而古中國春秋戰國時期的科學是追求「實用」的實驗觀測模式，兩者是互補的，但均不同於現代科學的「邏輯實證」模式。

現代科學的要素有二，一是「邏輯」，二是「實證」。古希臘和古中國，都已經產生了邏輯，古希臘的思辨，固然少不了邏輯；春秋戰國時的百家爭鳴，各個學派也往往需要靠邏輯來取勝。而歐幾里得幾何中的「形式邏輯體系」是西方科學發展的基礎之一。那什麼是「形式邏輯」呢？

形式邏輯和經典科學

通俗地說，形式邏輯 (formal logic) 就是我們一般人腦海中所理解的「邏輯」。經常聽見人們爭論時，會說「符合邏輯」或「不符合邏輯」，比如 A 批評 B「你說烏鴉是黑的，但又說抓到了一隻灰色烏鴉，你這不是不合邏輯、自相矛盾嗎？」另一個例子，大家辯論張三是好人還是壞人，有人說張三利用權勢貪汙上億元，當然是個壞人；但又有人認為張三孝順父母，重視家庭，本質上是個好人。

換言之，我們對邏輯的粗略理解大概就是：一就是一，二就是二，黑白分明，沒有模糊，這也就是所謂的「形式邏輯」。

因此，本書後文中，一般僅以「邏輯」一詞代替形式邏輯，但在需要強調的地方，也冠以「形式」二字。

古希臘哲學家、「希臘三賢」之一的亞里斯多德，最先邏輯用幾條簡單的規則（同一、矛盾 contradiction、排中 excluded middle 三大基本規律）表述，使邏輯正式成為一門學科。這 3 條基本原理及簡單解釋如下。

- 同一律：「A 等於 A」。解釋：張三就是張三，不是別人。
- 矛盾律：「A 不等於非 A」。解釋：張三不可能「既是張三」又「不是張三」，不能自相矛盾。
- 排中律：「A 或者非 A，沒有其他」。解釋：這人要嘛是張三，要嘛不是張三，沒有中間狀態。

基本定律讀起來有點拗口，解釋後卻很容易懂，但你又可能會感覺「全是廢話」。

正是這些貌似「廢話」的幾條原則，構成了邏輯學。兩千年之後，德國哲學家萊布尼茲（就是與牛頓同時代先後發明微積分的那位）又加上了一條邏輯的基本規律：充足理由律（principle of sufficient reason）。意思是說任何邏輯表述，都需要「充足的理由」。

古希臘數學家歐幾里得發表的《幾何原本》，開創了邏輯證明的先例，使數學從此進入公理系統與邏輯證明時代。兩千年後的英國數學家喬治·布爾（George Boole），建立了一系列的

運算法則，利用代數的方法來研究邏輯問題，成為我們如今所熟悉的布爾代數。

　　歐幾里得幾何的邏輯證明體系，是 2,300 多年來數學的基礎，也是現代科學發展的基礎；布爾代數則是在如今現代文明社會中大放異彩的數位運算及人工智慧技術的基礎。由此可知邏輯對科學發展的重要性。或許由於科學正是在邏輯思想的基礎上發展，並且已經有了超過 2,000 多年的漫長歷史，因而人們一般認為：邏輯（即形式邏輯）是與自然的客觀規律一致的，是外在客觀世界本身的模式。再進一步推論下去：如果一個理論不符合邏輯，違反了上述的基本邏輯規律，人們便會判定那不是一個好的科學理論。

　　歐氏幾何的意義絕不在於幾何本身，而在於它的公理化方法。就像建房子一樣，基石不過是數目不多的幾塊磚，便支撐了一棟高樓大廈。歐氏幾何從 5 條簡單公理出發，使用周密嚴格的邏輯推導和證明，卻能推演出成百上千條定理。如果稍微改動一下作為「基石」的公理，像羅巴切夫斯基（Nikolas Lobachevsky）和黎曼（Bernhard Riemann）所做的那樣，便意想不到地產生了另類的幾何，建成了完全不同於歐氏幾何的雄偉大廈！雖然在當年看起來，非歐幾何不過是某種思想遊戲，因為被它們描述的結果，有違人們通常看到的世界之幾何常識；但之後又出乎人們意料，黎曼幾何在廣義相對論中找到了用武之地！

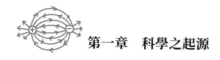

於是，人們驚奇地發現：邏輯以及在其上發展出來的理性推導的方法，居然有如此巨大的威力！使用這種思考方式，可以從幾條事實出發，建立起一個龐大的理論系統。如今，我們縱觀現有的物理理論，從牛頓力學、馬克士威電磁論到相對論，幾乎都是遵循類似的原則，再經過大量實驗或觀察的驗證建立和發展起來的。對此，愛因斯坦深諳其道，因此他才會強調邏輯是西方科學發展的基礎之一。

辯證邏輯和量子物理

可以說，物理學家們用理性邏輯推理的方法，加之龐大而系統的實驗資料，建造了包括廣義相對論在內的整個古典物理大廈。即使是其他領域的科學理論，或者物理中爭議不斷的量子力學，也都是將實驗證實、符合因果及邏輯自洽等，看作基本的科學規範。

然而，當更深一步考察形式邏輯時，你會發現它並非完美無缺，而是有許多矛盾之處。

形式邏輯遵循「非此即彼」之類的邏輯法則，但事實情況往往並非如此。世界並不是「非黑即白」那麼簡單的，如果絕對不允許有自相矛盾的情況出現的話，這種邏輯必然不能正確地反映世界的客觀規律。舉一個簡單的例子，現實生活中，我們都覺得很容易區分「孩子」和「成人」，但仔細一想並不盡然，如

果沒有提出一個年齡界限的話，你說誰算孩子誰算成人呢？即使規定了一個年齡界限，也並不能準確地反映一個人在成長過程中的客觀身體差異，因為身體的變化是因種族、環境條件等因素而不同的，也是因人而異的。

再如，如果說到「科學的誕生」，從形式邏輯的觀點，你首先需要定一個科學誕生的「判據」，定義好什麼是科學，或者說你必須規定某個時間，即某年某月某日某時刻，科學誕生了。在此時刻之前，沒有科學，誕生之後，才能談科學。但是，這些都是難以實現的，因為科學是逐漸產生的，很難如同母親「十月懷胎一朝分娩」那樣，有一個精確的誕生時刻。因此，在討論此類問題時，便往往會被質疑為說法「不符合邏輯」。

儘管邏輯學家們可以辯解說，邏輯只是一種「抽象和昇華」了的思維方法，僅此而已，不用太認真，但根據人們的日常經驗，總感覺這種思考過程中一定少了點什麼，於是，另一種與形式邏輯不同的「辯證邏輯」（dialectical Logic）思想應運而生。

辯證邏輯的基本特徵是把事物看作一個整體，從運動、變化及相互聯結的角度來考察事物。不同於形式邏輯的「非此即彼」，而是認為「你中有我、我中有你」，事物都能一分為二，對立面並非絕對的，它們可以在一定的條件下互相轉化。

歷史上，許多文明中都有比亞里斯多德創立的形式邏輯更為複雜的推理系統，其中包含著原始的辯證思想。西元前 6 世

紀的印度、西元前 5 世紀的中國和西元前 4 世紀的希臘，都存在古典辯證邏輯的例子。例如，古代印度哲學家用辯證的思想來探討生與滅、有與無、一與異等對立概念的相互關係。古代中國哲學家的思考方法，除了墨子之外，幾乎是往辯證方向「一邊倒」：《老子》說「有無相生，難易相成，長短相形，高下相傾」；《莊子》說「彼出於是，是亦因彼」。此類模稜兩可的名言在中國歷史上比比皆是，充分反映了古中國哲學家崇尚辯證的特殊風格。馬克思曾說古中國文明是「早熟的小孩」，不知是否與此特徵有關？

　　古文明中雖然不乏辯證思想，但較完備的辯證邏輯體系直到 18 世紀才正式被德國哲學家黑格爾（Georg Hegel），用「正、反、合題，否定之否定」等概念，提出並加以總結。其實，如今看來，辯證邏輯不過是形式邏輯突破自己的限制自我否定，而將「邏輯」這一概念擴充的結果。要正確地理解辯證邏輯，首先必須要學習形式邏輯。就像恩格斯（Friedrich Engels）將兩者比喻為初等數學和高等數學的關係那樣，如果連初等數學都不懂的話，又何以妄談「高等數學」呢？

　　辯證邏輯認為「亦此亦彼」。如在原來的形式邏輯中，張三不是好人就是壞人，非此即彼，辯證邏輯認為張三可以既是好人又是壞人。這種說法聽起來有點像量子物理中的觀點：光和其他基本粒子，都既是粒子又是波，具備波粒二象性（wave-particle duality），此外，也頗像那個恐怖的「既死又活」的薛丁格的貓（Schrödinger's Cat）！

　　難怪愛因斯坦始終無法認可量子力學中「二象性」的說法，更不接受哥本哈根詮釋（Copenhagen interpretation），儘管他自己就是量子理論的創始人之一。愛因斯坦的思路完全是古典的、形式邏輯的，也正因為如此才有了著名的世紀論戰。

　　對量子理論的深刻認識，也許能激發人類再一次突破思考。或者可以猜測：辯證邏輯未來的進一步發展和完善，有可能將人類對思維過程及客觀規律的認識上升至新的高度，從而可能解決量子力學中諸如「薛丁格的貓」之類的「悖論」？

芝諾悖論

　　古希臘對辯證思維的認識，主要表現在論辯術中，其中芝諾（Zeno）所在的伊利亞學派（Elea）是主要代表。當年的希臘哲學家們熱衷辯論的問題之一，是世界的本源，也就是我們在前面一節中談及的泰利斯及其弟子們探索的問題。伊利亞學派的領袖人物，是芝諾的老師巴門尼德（Parmenides），其認為萬物本源是永恆靜止的實體「一」。芝諾為了捍衛老師的理論而「狡辯」，認為「多」和「運動」都只是表象。為了論證這點，芝諾提出 4 個悖論，其中最著名的是「阿基里斯追烏龜」和「飛矢不動」悖論。

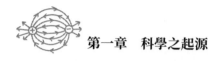

從哲學的角度看，芝諾悖論本身是一種辯證思維，揭示了人們思維中一些似是而非或似非而是的矛盾現象。

有趣的是，芝諾為了否定「運動」而絞盡腦汁想出的悖論，卻沒有達到否定運動的目的，也不可能達到其目的，因為事實上，空中的箭的確在飛行，阿基里斯也必定能追上烏龜。不過，從辯證法的觀點看，芝諾悖論開創性地揭示了運動本質中隱藏著的矛盾：在任何時刻，運動的物體存在於空間的某一點，但又因為「移動」而不在這一點！運動本身正是由於這矛盾雙方的對立統一而產生的。距今約 2500 年的芝諾悖論，體現了令人驚奇的辯證思維，所以，亞里斯多德和黑格爾都稱芝諾是歷史上第一位辯證法家。

芝諾悖論涉及極限概念，後面談到微積分時還會討論。

東方人的思維特點

東方人與西方人在人生觀、價值觀、家庭觀、教育方式、文學藝術、心理狀態、道德倫理、處世哲學等方面都有很大的差異。究其根源，這些差別多半源於思考方式的不同。東方人的思維方式基本上屬於直觀的形象思維，而西方人更重視邏輯思維。從邏輯學角度來看，東方人偏向於辯證邏輯，而西方人更偏重形式邏輯。

辯證邏輯和形式邏輯各有所長，但筆者認為，形式邏輯若是基礎，走向辯證可算是錦上添花。缺乏形式邏輯的辯證會流

於「狡辯」。例如，孩子學步一定是從「走」開始，然後才能學會「跑」；又如，學高等數學固然好處多多，但首先仍然得把初等數學的基礎打好，否則不可能真正掌握高等數學。東方人的思維方法貌似辨證有餘，卻獨缺形式邏輯。

　　為什麼東方人的思維方式會有如此現象呢？這應該有其歷史根源。

　　回溯到東亞文明起源的古代中國，形式邏輯基本是與歐洲同時產生，即春秋戰國時期。在《墨經》中，對於邏輯已有了系統的論述。一般認為，古代中國的墨家邏輯、古希臘的亞里斯多德邏輯、古印度的因明邏輯，並稱為世界古代（形式）邏輯三大源流。

　　墨家活躍的年代比亞里斯多德還要早幾十年，但他們已經對邏輯學的基本定律有所認識，例如：

· 同一律：「彼此可，彼彼止於彼，此此止於此。」
· 矛盾律：「彼此不可，彼且此也，此亦且彼也。」
· 排中律：「彼此亦可，彼此止於彼此，若是而彼此也，則彼亦且此，此亦且彼也。」

　　充足理由律：「以說出故。」「故，所得而後成也。」

　　《墨子》中的「墨辯」，是建立在科學精神之上的形式邏輯體系，但是，與中國古代尚未萌芽的科學種子一樣，隨著「罷黜百家，獨尊儒術」的提出，墨家逐漸銷聲匿跡，形式邏輯在中國的

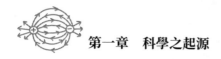

發展也陷入停頓，而邏輯思維推理的方法，是構建科學理論框架的必要條件。這就是為什麼中國在幾千年的封建社會中，不乏工匠技術型的小發明，卻鮮有自創的科學理論。古人缺乏邏輯思維的習慣，是一個主要原因。

　　之後一段時期，古人將辯證法當作科學的邏輯，而大力批判形式邏輯，使大眾形成一種以為形式邏輯是落後的錯覺。這種認識阻礙了東方思維模式的重新思考，從而也在一定程度上阻礙了科學技術的進步。

4　從畢達哥拉斯到微積分

數學王子高斯（Johann Gauss）有一句名言「數學是科學的皇后」；17 世紀英國哲學家法蘭西斯·培根也說過「數學是打開科學大門的鑰匙」。可見數學對科學的重要性。下面我們就來探求一下，數學與科學的淵源到底有多深，數學是如何當上「皇后」的。

畢達哥拉斯之打鐵聲啟發靈感

古希臘科學家們尋求萬物的本源，泰利斯認為本源是水，他的門徒們中，有人認為是「無形」，有人認為是氣，赫拉克利特則說是火，而畢達哥拉斯的觀點最為奇特，他認為萬物之本源是「數」。

畢達哥拉斯生於現屬希臘的薩摩斯島（Samos），離現屬土耳其的米利都很近。據說畢達哥拉斯是米利都學派阿那克西曼德的學生，也曾直接受到泰利斯的影響。這位古希臘的哲學老祖宗建議他前往埃及。後來，畢達哥拉斯不但旅居埃及，還去各地漫遊，傳說也曾到過印度，受到各方文化的影響，最終形成了他的「萬物皆數」的觀點，他對數字的喜愛和崇拜幾乎到了走火入魔的地步，他創立的畢達哥拉斯學派把數的作用發揮到了極致，堪稱「拜數字教」。

畢達哥拉斯發現了「畢達哥拉斯定理」，即「勾股定理」。古代巴比倫人和中國人都在更早的年代知道了勾股數，例如西元前18世紀的巴比倫石板上，就已經記錄了各種勾股數組，最大的是「12,709, 13,500, 18,541」，即：$12,709^2+18,541^2=18,541^2$。之後中國的算經、印度與阿拉伯的數學書中，也均有所記載。但發現了勾股數，還不等於發現了勾股定理。作為普遍定理的發現，人們認為應當歸功於畢達哥拉斯，而勾股定理的證明，則始於畢達哥拉斯，再由後來的歐幾里得提出了清晰完整的證明。畢達哥拉斯學派還研究過正五邊形和正十邊形的作圖，發現了黃金分割比例（1:0.618）。

畢達哥拉斯本人不僅是傑出的哲學家和數學家，對音樂也造詣頗深。

據說畢達哥拉斯有一天走在街上，被鐵匠鋪此起彼落、悅耳而和諧的打鐵聲所吸引，駐足聆聽數日，由此而啟發了靈感並進行研究。畢達哥拉斯光顧鐵匠鋪，觀察大小（質量）不同的鐵錘發出的不同頻率的聲音，發現了打鐵的節奏遵循簡單的比例規律，也就是如今音樂中稱之為「和聲」的規律。畢達哥拉斯繼而萌生了宇宙中萬物都遵循某種簡單規律而互相「和諧」的概念，他認為我們周圍物體，包括地球、太陽及其他天體，一切運動和變化都是由一定的、永恆的數學規律所控制。所以，畢達哥拉斯學派認為，世間萬物來源於「數」，數字的組合造就了

物體運動的秩序，神聖而完美的幾何圖形（例如圓形和球形）是構成天體形狀的最佳選擇。將這個概念應用到我們腳下的土地上，畢達哥拉斯第一次提出大地是球體這一概念。

從鐵匠鋪得到靈感之後，畢達哥拉斯又迷上了琴弦振動規律的研究，很快地發現了琴弦定律，即「在給定張力作用下，一根給定弦的頻率與其長度成反比」（在下式中，f 為頻率，L 為長度）：

$$f \propto \frac{1}{L}$$

你可能看不上琴弦定律提出的這個簡單公式，但如果你想想，畢達哥拉斯比我們早了 2,500 多年，與我們所具有的知識之豐富當然不能同日而語。如果將畢達哥拉斯的工作與他的前輩泰利斯等米利都人比較，已經前進了一大步。畢達哥拉斯學派不僅僅滿足於尋求萬物的本源，而是將自然界運行的規律作為探求的目標。更為難能可貴的是，上述琴弦定律，將物理現象之規律用數學公式表達出來，開創了物理與數學結合的先例。

由此可見，畢達哥拉斯的琴弦定律，堪稱一個里程碑式的公式，難怪俄裔美籍物理學家喬治·伽莫夫（George Gamow）讚揚畢達哥拉斯這個定律，是理論物理學發展的第一步！因為它首次把物理規律用數學公式描述了出來，或者說，是物理系統的第一個數學模型。

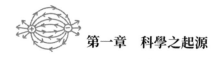

畢達哥拉斯的思想深深地影響了柏拉圖，以及一大批後來的古希臘哲學家和科學家。畢達哥拉斯為古希臘科學的種子注入了數學的基因，是促使科學和數學聯姻的第一人。

無理數在悲劇中誕生

畢達哥拉斯當時認為是世界本源的「數」，指的是整數和分數。畢達哥拉斯認為 1 是所有數的生成元（generator），但 1 只能生成整數，顯然還存在不是整數的數，這很容易理解。比如說，當你測量木棍長度時，無論你以什麼樣的「尺」作為「1」（單位），總會有木棍的長度無法用整數表示。於是，畢達哥拉斯說：那沒有問題，不能用整數表示，那就用分數表示！分數不就是兩個整數的比值嗎？產生了兩個整數，就能產生分數，就能產生任何比例。總而言之，這位古希臘的數學教宗認為「宇宙的一切都歸結於整數和整數之比」，整數和分數能解釋一切自然現象，充分體現了自然規律的數學之美。畢達哥拉斯學派認為，兩條幾何線段長度之間的比值，其結果必然是整數之比。他們說，如果兩根木棍的長度互相不是倍數的話，那麼就會存在第三根木棍，用它做尺就能同時測量這兩根木棍，而得到兩個整數 m 和 n。畢達哥拉斯學派稱這個性質為兩個長度的「可通約性」（commensurable），實際上就是說，兩木棍的長度之比 a=m/n，是一個整數或分數（有理數）。出於他們對宇宙萬物和諧美的崇拜，他們認為任兩條線段都是可通約的。

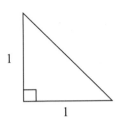

圖 1-4-1　2 的平方根

　　上文中我們曾經說到，畢達哥拉斯發現了以其命名的畢達哥拉斯定理的一般形式。如果應用此定理到兩邊為 1 的等腰直角三角形（圖 1-4-1），其斜邊的長度是多少呢？根據畢達哥拉斯定理，這個長度的平方等於 2。顯然，我們不可能找到一個滿足條件的整數，但是，是否能夠找到一個分數適合該條件呢？這個課題引起了畢達哥拉斯一個學生希帕索斯（Hippasus）的興趣，並進行了深入研究。

　　假設 2 的平方根為 a，那麼，它可以寫成一個分數 $a=m/n$ 嗎？根據畢達哥拉斯的理論，答案是肯定的，因為除了整數分數，沒有其他的數。因此，希帕索斯開始時信心滿滿，下定決心一定要把結果找出來。他努力了很長時間，以不同的整數嘗試 $(m，n)$，最終卻一無所獲。試驗失敗令希帕索斯對 a 這個數的性質產生了懷疑，2 的平方根好像不可能表示成一個分數！

　　於是，希帕索斯想到了使用反證法，也就是說，首先假設 a 是一個分數，然後看看是否會得到不合理的結果。例如，假設 $a=m/n$ 中的 m、n 是化為最簡分數比後的整數，即 m、n 互質，

根據勾股定理，$1^2+1^2=a^2=(m/n)^2=2$，化簡後為 $m^2=2n^2$，從這個算式可以看出，m^2 是偶數，那麼 m 也是偶數，因為 m、n 互質，所以我們得到第一個結論：n 應該是奇數。

然後，因為 m 是偶數，所以可以表示為 $m=2b$（b 是自然數），代入 $m^2=2n^2$ 中，得 $4b^2=2n^2$，或 $n^2=2b^2$。那麼便可得到，n^2 是偶數，n 也一定是偶數。這個結果與第一個結論「n 應該是奇數」矛盾！

所以，希帕索斯用畢達哥拉斯學派經常使用的反證法，證明了 $\sqrt{2}$ 不能表示成兩個整數之比。2 的平方根既不是整數，也不是分數，那它是一個什麼數呢？希帕索斯為發現了一種新類型的數而興奮，卻使老師驚慌不已，因為這個發現讓畢達哥拉斯感覺自己原來宣揚的「萬物皆數」的理論，似乎失去了根基而岌岌可危。於是他將希帕索斯囚禁起來，最終甚至下令將這個「叛逆學生」丟進大海淹死了（注：上對希帕索斯的死因有不同的說法）。

儘管這是個數學史上的悲劇，但也導致了無理數的發現，並且引發了所謂的「第一次數學危機」。後來（西元前 370 年左右），仍然是畢達哥拉斯學派的一個弟子 —— 歐多克索斯（Eudoxus），將「可通約」的概念擴展到「不可通約」，為無理數找到了存在的基礎，暫時解決了這個矛盾。

無理數的發現過程，使古希臘科學家明白經驗的局限性，

只有嚴密的推理和證明，才能確保理論的可靠。不過，與此同時，無理數讓希臘數學家「心生畏懼」，認為這種數只有幾何才能描述，並因此限制了古希臘代數學的發展，幾何學的地位被提升，此後的歐幾里得的幾何公理體系便是建立在這些認識的基礎上，也使古希臘科學家走向了邏輯論證之路，成為科學之先驅者。

也可以說，發現無理數的「悲劇」，對科學的發展有著不可磨滅的貢獻。體現了數學對科學極其重要的作用，沒有數學的發展，現代科學不可能進步。

人類為了生存發展了農耕文化，他們需要記錄日期和季節、計算穀物數和家禽數，還需要度量長度、面積、體積等。隨著文明的發達，整數和分數的概念都毫無困難、順理成章地發展。例如在上文例子中所說的，為了測量兩根木棍的長度，人們可以建立起整數及分數的概念。但是，僅僅憑著這種物理測量的實踐活動，無論你的測量技術多麼精確，也不可能產生出類似 $\sqrt{2}$ 的這種「無理數」的概念。「無理數」概念的建立，完全不同於有理數，它需要數學的抽象、思維的昇華，包含著「無窮」、「極限」等概念。數學家柯西（Augustin-Louis Cauchy）曾說「無理數是有理數序列的極限」，這也就是數學對科學的作用關鍵。看起來，科學的這位數學「皇后」真不簡單！甚至可以說，數學思維高於科學，數學自身可以靠邏輯發展，而科學不

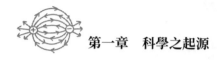

行，數學是科學不可或缺的一部分。

　　微積分是數學上的偉大創造，對科學發展異常重要。人類最終發明了微積分，也算是思維發展過程中的一個奇蹟。微積分的發展過程基本有三步：極限的概念、求積的方法、微積分思想。前兩步的發展歷史都可遠遠追溯到 2,000 多年前的古代，而最後一步微分積分思想之統一，兩者互逆關係的建立，則要歸功於 17 世紀的牛頓和萊布尼茲兩位科學家。

古代的極限概念

　　極限是微積分學中最初的、也是最重要的核心概念。古希臘時代，芝諾提出的幾個著名悖論，首先揭示了無限和連續等概念所引起的人類認識上的困惑，也為極限思想的萌芽。

　　大約比芝諾晚 100 年後，中國春秋戰國時代的莊子提出「一尺之棰，日取其半，萬世不竭」，可以說這句話已經包含了現代數學中無限數列收斂的概念。「萬世不竭」說明序列是無窮的，但加起來仍然只是「一尺之棰」，說明了該無限級數的收斂性。

　　雖然極限和無限的思想在古希臘和古中國都已經萌芽，但理論的完善卻是 19 世紀的事，歸功於法國數學家柯西和德國數學家魏爾施特拉斯（Weierstrass）的卓越貢獻。並且，直到現在，數學家們對與極限相關的「實無限、潛無限」概念，仍然有所爭執，可見極限概念的深奧，以及「無限」在人類思想進展中

造成的混淆。剖析一下芝諾悖論的歷史，可加深對極限概念發展和完善過程的理解。

　　有關阿基里斯與烏龜的悖論，芝諾說：如果烏龜一開始就以（1m）領先於跑得最快（假設比烏龜快 1 倍）的阿基里斯，那麼阿基里斯永遠也追不上烏龜。為什麼呢？因為要想追到烏龜，阿基里斯必須先到達烏龜所在的（1m）處；而等阿基里斯到了 1m 之後烏龜已經又前進了一段距離（1/2m）。然後，阿基里斯到了 1/2m 後烏龜又前進了 1/4m……如此無限地進行下去，阿基里斯和烏龜之間永遠保持一段距離。

　　正如羅素所說，這個悖論為有關時間、空間、無限大、無限小的理論研究提供了豐富的土壤。在試圖解釋這些出人意料的結論的過程中，極限及無限的概念被深入研究，理論也因此逐步發展。

　　亞里斯多德的解釋是：追趕者與被追者的距離將越來越小，所需的時間也越來越少，無限個越來越小的數相加的和是有限的，所以阿基里斯可以在有限的時間內追上烏龜。阿基米德更進一步，使用類似現在對幾何級數求和的方法，證明了上例中的距離之和 $1+1/2+1/4+1/8+$……或者對應的時間之和是一個有限值。

　　具有現代數學知識的讀者，一眼就能看出上一段中，兩位古希臘學者的解釋是不嚴謹的。以上的結論是建立在遞減幾何級數收斂的基礎上。如果對於級數不收斂的情況，他們的解釋

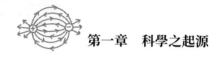

便不能成立。例如，對不收斂的調和級數，可以這樣敘述芝諾悖論：

阿基里斯始終比烏龜跑得快，但二者的速度不是固定的，按如下規律變化：烏龜開始時領先 1m，之後阿基里斯走完這 1m，烏龜前進 1/2m；阿基里斯再走完這 1/2m，烏龜前進 1/3m；阿基里斯到 1/3m 後，烏龜又前進 1/4m……如此無限地進行下去，阿基里斯和烏龜之間永遠保持一段距離 1/nm。並且，雖然調和級數 1+1/2+1/3+1/4+……的每一項都遞減，可是它的和卻是發散的。所以總時間也是發散的，結果為無限大，即阿基里斯追上烏龜的時間為無限大，因此，他不可能在有限的時間內追上烏龜。

也就是說，在如上的調和級數情況下，儘管阿基里斯總是比烏龜快，但就是永遠追不上烏龜。不過，這種情形下，無「悖論」可言。所以，我們將它排除在芝諾悖論的範圍以外不予考慮，仍然只研究收斂級數的情形。

如果僅限於收斂級數的話，芝諾悖論是否就已經被完美解決了呢？某些數學家和邏輯學家認為並非如此。因為根據他們對無限的理解，無限不是一個存在的實體，只是一個不斷逼近、卻永遠完成不了的過程，因為這個過程無法完成，阿基里斯便不可能到達那個極值點，既然路線中有某個點永遠都到不了，又如何追上烏龜呢？芝諾悖論仍然是「悖論」！

以上述方式理解無限的觀點,被稱為「潛無限」(potential infinity);反之,將無限作為實體,便是「實無限」(actual infinity),兩種觀點的爭論從古希臘一直持續至今。

曾經看過有人以一個通俗例子來理解兩者的區別,不一定準確,但寫在下面給諸位作參考:幼稚園中,兩個孩子鬥嘴爭執比較誰的財富更多:「我有 100 塊」、「我有 1000 塊」、「我有 10000 塊」。最後,一個孩子想出另一種說法:「不管你有多少,我永遠比你多 1 塊!」這個似乎包含了某種永遠無法達到的潛無限思想。

無限的觀點之「實」、「潛」之分,從古希臘、古中國就開始了。例如,中國的惠施曾說「至大無外,謂之大一;至小無內,謂之小一」,意思是「無限大之外別無他物,無限小之內不可再分」,這是一種實無限的觀點;而「一尺之棰,日取其半,萬世不竭」中的「萬世不竭」,又顯然是「永遠未盡」的潛無限觀點。

後來的數學大師們也有不同的觀點。高斯認為無限只是潛在的,堅決反對實無限;康托爾(Georg Cantor)支持實無限;希爾伯特(David Hilbert)則認為,在分析中我們研究的潛無限,不是真的無限,真的無限是實無限。

不過,「潛無限或實無限」畢竟是數學或邏輯上的爭論。筆者認為,對與實證密切相關的科學而言,只有實無限,沒有潛無限,因為宇宙中的一切都是現實存在的。那麼,科學是否就

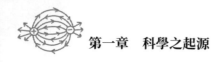

不需要潛無限了呢？也不能這麼說，因為數學對科學的發展往往有出乎人們意料的效果。考慮一下現實世界中似乎並不真實存在的「虛數」概念對科學的作用，便能理解這點了。

　　總之，芝諾悖論涉及極限概念，數學解答涉及有關實無限與潛無限的討論。無限過程無法完成潛無限，可以完成實無限，數學中的極限、微積分都建立在實無限概念上。故對潛無限來說，極限概念不成立，只能無限逼近。這些數學概念超出本書範圍，在此不作詳細介紹，更多有關芝諾悖論、實無限與潛無限的內容，請參考相關書籍。

古代求積例子

　　現在的微積分課程，都是從極限開始，引入導數、微分，後來再學到積分。但在人類思維發展的漫長歷史中，卻很早就有了類似積分法的應用。

　　在現實科學應用中，導數和微分表示的是曲線的斜率、運動物體的速度等，是與「動態」、「變化」有關的事物，而積分法則方便用於計算物體的面積、體積等物體的固有性質。人類對客觀世界的認識顯然是始於固定的事物，所以對積分法的需求和探究從遠古時候就開始了。

　　古希臘的科學始祖泰利斯就研究過球的面積、體積等問題。西元前 5 世紀，古希臘數學家安提豐（Antiphon）及歐多克索斯

(Eudoxus) 提出了「窮竭法」（method of exhaustion），之後成為一種幾何方法，用來求圓形的面積和立體的體積，可算是積分法的先驅。

古希臘最偉大的數學家阿基米德對微積分的貢獻毋庸置疑。他發展了窮竭法，計算過拋物線下的弓形面積、球和球冠表面積、雙曲線旋轉所得圖形的體積等，他在解決這些問題過程中的若干思想，真正成為積分學的基礎。

幾乎同時或稍後，古代中國的微積分概念也在獨立發展，可說其成果毫不遜色於西方。三國時期劉徽研究的割圓術，用以求圓面積和方錐體積，是一個突出的例子；祖沖之用割圓術求得圓周率，精確度很高（在 3.1415926 與 3.1415927 之間）。

17 世紀的義大利幾何學家卡瓦列里（Bonaventura Cavalieri，早於牛頓時代 50 年左右），對微積分貢獻了一個著名的不可份量方法，或被稱為卡瓦列里原理。我們不太熟悉這位高人，其原因之一是該原理的基本思想早在 1,100 多年之前就被中國數學家發現了，即祖沖之和他的兒子祖暅，所以卡瓦列里原理也被稱為祖暅原理。

卡瓦列里認為，線由無限點構成，面由無限線構成，立體是由無限個平面構成。點、線、面分別是高一維度的線、面、體的不可份量。祖暅原理則提出「夫疊棊成立積，緣冪勢既同，則積不容異」，也就是說如果所有等高處的截面積都相等，二立

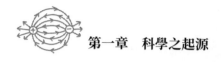

體的體積必相等。「夫疊某成立積」一語中，則包含了與卡瓦列里類似的「不可份量」的思想。

根據卡瓦列里原理，體積可以由計算許多小體積之和而得到；面積的計算則由計算許多小面積之和而得到。這個原理表現了樸素的積分思想，是定義微積分的前提之一。之後，又有無數數學家如歐拉、拉格朗日等，在極限和無限的概念上有若干傑出的貢獻，最後一步則由牛頓和萊布尼茲完成。

微積分的發明

觀察牛頓和萊布尼茲研究微積分的過程，與當時科學技術發展的需求密切相關。數學促進了科學思想的發展，科學的發展又反過來推進數學，這兩者相輔相成、互相促進，密不可分。特別是牛頓發明微積分，一開始主要是為了解決他所熱衷的運動學問題。

人類早期研究的問題大多是「靜態」的，諸如上面所說的求面積、求體積的問題，積分思想幫忙解決了不少難題。17 世紀初期，伽利略和克卜勒在天體運動中所得到的一系列觀察和實驗結果，涉及物體的動態規律，導致科學家們對新一代數學工具的強烈需求，也就是說，如何從大量的數據中，抽象出物體精確而瞬時、隨時間變化的動態運動規律呢？

在伽利略的時代，已經有了速度的概念，當時的科學家們

已經知道運動距離與運動時間相除會得到速度。如果物體運動的快慢始終一樣，就叫做等速運動，否則就是非等速運動。伽利略在實驗中發現，在地球引力持久作用下物體的運動，快慢並非始終一致的，一開始下落得比較慢，後來則下落得越來越快；伽利略又發現，無論是在下落的開始還是最後，速度增加的幅度是一樣的，這也就是我們現在所熟知的說法：地面上的自由落體運動是一種等加速度運動。

　　速度、加速度、等速、等加速度、平均速度、瞬時速度……現在學生很容易理解這些名詞，在當時卻曾經迷惑過像伽利略這樣的物理大師。從定義平均速度到定義瞬時速度，是一個思考突破。平均速度很容易計算：用時間去除距離就可以了；但是，如果速度和加速度每時每刻都在變化的話，又怎麼辦呢？

　　可以相信，克卜勒在總結他的行星運動三定律時，也曾經有類似的困惑。克卜勒得出了行星運動的軌跡是個橢圓，他也認識到行星沿著這個橢圓軌跡運動時，速度和加速度的方向和大小都在不停地變化。但是，他尚沒有極限的概念，也沒有曲線的切線及法線的相關知識，不知如何描述這種變化，於是只好用「行星與太陽的連線掃過的面積」這種靜態的積分量來表達他的第二定律。

　　伽利略和克卜勒去世後，兩位大師將他們的成果和困惑留

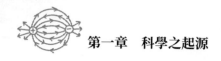

在了世界上，激勵像牛頓和萊布尼茲這樣傑出的物理學家和數學家，對新一代數學工具發起了總攻。

　　牛頓使用他發明的這個強大的數學工具，建立了牛頓力學的宏偉大廈，同時也發展完善了「變量」的概念，為微積分在各門學科的應用開闢了道路。在人類社會從農業文明跨入工業文明的過程中，微積分有決定性的作用，包括數學、物理、化學、天文學、地理、生物基礎科學，以及工程應用、電腦資訊等技術學科，所有的現代科學技術都離不開微積分。

　　就數學理論而言，牛頓和萊布尼茲的最大功績，是把兩個貌似毫不相關的問題：微分學的切線問題和積分學的求積問題聯繫在一起，開創了微積分理論。

　　可以說，牛頓是在他對物理科學規律研究的驅動下發明微積分的。換言之，這個數學成就多少包含了某些「服務於實用」的因素。那麼在東方，尤其是中國，從古到今的學術研究不是有明顯的「實用」傾向嗎？為何沒有為解決實用的問題而發明微積分呢？

　　需要澄清的是，當我們說：微積分的出現直接來源於物理學和工程方面的需求，說的是科技理論上的需求，並非小工匠式技術發展的需求，尤其不是那種被利益所驅動的「實用」之需求。以中國古代數學為例，過分拘泥於直接使用而企圖快速得利，並不重視理論思維，也不重視抽象的數學觀念和體系，連

函數的概念都沒有，更無法發明系統的微積分了。這也就是為什麼有人說古代中國無「數學」，只有「算學」的原因，這種說法或許有一定的道理。當然，算學也有它先進發達的一面，下一節將給予簡要介紹。有關更詳細的「中國算學」，請參考數學家吳文俊的著作。

5　古中國的算學

　　數學畢竟是既迷人又有趣的思維活動，中國古代許多數學家的研究當然也不會完全是被「實用」目的所驅使，也有出自於對完美的追求和對研究的興趣。例如，祖沖之將圓周率精確到 8 位有效數字，在當時就不見得有多少實用價值。

　　我們無法得知古代數學家的主觀願望，但由於中國封建社會的客觀現實，古人腦海中根深蒂固的「學以致用」的傳統觀念，使得中國古代數學呈現的最大特點是「實用為目標，計算為中心」。

　　以《九章算術》為例可見一斑。所謂「九章」，指的是 9 個章節分類：〈方田〉、〈粟米〉、〈衰分〉、〈少廣〉、〈商功〉、〈均輸〉、〈盈不足〉、〈方程〉、〈勾股〉。其中不少題目都是直接取自於實際生活的具體場景。例如〈方田〉是關於田畝面積，〈粟米〉關於糧食交易，〈衰分〉關於分配比例，〈商功〉關於工

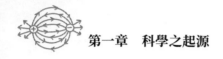

程，〈均輸〉關於稅收，等等，可見解決實際問題是該書的主要目標。

　　而究其具體內容，《九章算術》處理計算了大量複雜的問題。前面所列的 9 個章節中，包括了 246 個問題以及 202 個「術」。其中有多種幾何圖形的體積算法、面積算法等；有開平方術、開立方術；二項二次、二項三次等方程式的解法；還有應用勾股定理解決問題的各種算法等，從這些例子也可看出其以計算為中心的特點。

　　中國古代數學中並非完全沒有理論，反之有很多密切聯繫實際的理論。特別是有不少與算法相關的推理、證明及理論。中國古代的許多算法，稍加改變就可以用到現代的電腦上，這也是為什麼將其稱為「算學」的原因。現代電腦中使用的二進制思想，據說起源於《周易》中的八卦法，早於德國數學家萊布尼茲 2,000 多年。

　　古中國算學具有獨創性，自成一個完整體系，可總結如下三大特色：

- **實用性**：其計算問題大部分都取材於天文、曆法、農業、測量、工程等實用領域。
- **機械化**：朝適用於某些機械運算的方向發展，以便可以使用算籌、算盤等為工具來實現運算。例如，算盤就是當時的電腦，珠算口訣就是計算程式。

· **代數化**：將實用問題（包括幾何問題）轉化為方程組，然後再轉換成刻板的、機械的、用算具能實現的程式（例如逐次消元程式）來求解。

中國的算學當時也影響到周邊國家的數學發展，如日本的和算、朝鮮半島的韓算以及越南的算學等。

中國古代數學的機械化思想與古希臘數學中的公理化思想，是數學發展過程中的兩套馬車，都促進了數學的發展。古希臘數學以幾何為主，古中國數學多用代數方法，幾何比代數更容易公理化，代數比幾何更容易發展成機器使用的算法。幾何直觀、形象且易於被眾人接受，代數在非專業人士眼中則顯得枯燥，可以說當時的兩者各具優缺點。但從歷史發展之事實而言，西方的公理化思想很幸運，碰到了因工業革命而誘導出來的「實踐精神」，與之結合而最後誕生了現代科學，然後在科學技術的發展基礎上，人類發明了現代電腦，後又發展了比當年古中國數學中的算法高明不知多少倍的各種程式語言和演算法；而代表古中國機械化數學思想的「算學」則命運不佳，只在算盤這樣的工具上施展功夫，雖然也綿延了上千年，但沒有突破、難以發展。

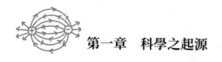

6 古希臘人的宇宙觀和天文學

　　從現代物理觀點，天文學和宇宙學是兩碼事，但在古代，研究的學者都是同一批人，兩者也沒有明確界限，天空中就那麼幾個天體，也就是人類的整個宇宙。天文學多一些天體運動規律有關的計算，宇宙學多一些想像成分以及宇宙來源和演化的猜測，但我們在敘述中有時可能有所混淆。

　　希臘人很早就認識到地球是個「球」，這恐怕與他們是海洋民族有關。

　　古代人如何判斷地是平的還是圓（球面）的呢？那時候沒有精密的觀測儀器，只能靠眼睛遠望。例如，設想你站在一望無際的平原上，或置身於一望無垠的大海中，如果地是一個無限伸展的平面的話，你的視線可以一直伸展過去，物體將越來越小，看起來連續地變小直到你的眼睛看不見它為止（圖1-6-1(a)），但不應該是如跟我們看見的太陽那樣「上升、下降和消失」。如果地球是圓球，地面向下彎，你的視線卻沒辦法彎，那麼，你只能看見某個圓圈以內的東西（圖1-6-1（b）），那個圓圈就是我們平時所說的地平線。

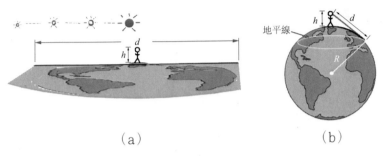

（a）　　　　　　　　　（b）

圖 1-6-1　地球是平面和球形的區別
（a）地是平的；（b）地是彎的

　　人們在生活中也都見過「地平線」，當你坐船航行在大海上，視野中是一望無際的海洋，一直延伸到很遠的有一條線的地方，那是天和水的交接之處。你轉一個圈，發現四面八方的線連在一起形成了一個圓圈。早上，太陽從圓圈的東方某處升起，黃昏時分掉向圓圈的另一邊。這個標誌著天地相接處的圓周，就是地平線。簡言之，地平線就是人們的「可觀測區域」與「不可觀測區域」的分界線。圖 1-6-1（b）中的圓周將地球表面分成了兩個部分，觀察者可以看得到圓周以上的地球表面及其他物體，但看不到圓周以下的東西。

　　航海遠行是海洋民族的生活方式，每天都能在廣闊無垠的大海上觀察地平線附近發生的事情。例如，你發現遠方來了一艘帆船，你會先看到桅杆頂上的一小點，然後發現桅杆的長度逐漸增加，最後才慢慢地看到船身，就像從海面下升上來一樣，其原因就是因為海平面有弧度。

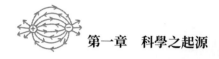

　　而活動在內陸的人們就沒有那麼容易「極目楚天」了，樹木和山丘擋住了他們的視線，恐怕很少看見地平線。但其實，從太陽的上升下落，也很容易得出地面是彎曲球形的結論，否則，你如何解釋太陽黃昏時就掉下去看不見了，而早上又升起來了呢？

　　無論如何，希臘人很早就建立了日、地、月這些天體都是球形的概念，並且試圖建立天體運動的數學模型。米利都學派的阿那克西曼德，曾經繪製了世界上第一張全球圖。他認為天空是一個完整球體，圍繞著北極星轉，而地球則是一個自由浮動的圓柱體，而稍後的畢達哥拉斯第一次提出地球是球形。

　　畢達哥拉斯學派的菲洛勞斯（Philolaus），比他的前輩更上一層樓，他甚至認為地球不是宇宙的中心，而只是一個穿過空間自轉運行的普通球體。菲洛勞斯提出，宇宙中共有 10 個天體，中間的叫做「中心火」，其他 9 個圍繞著「中心火」運行。因為古人認為 10 才是完美數，而當時天文觀測到 8 個星體（日、月、地、金、木、水、火、土），所以菲洛勞斯虛構了「中心火」和「對地星」這兩個額外的天體。「中心火」不能被人直接看到，但人們看見的太陽是它對這火團的反射；至於「對地星」呢，就更看不到了，因為它永遠藏在太陽的另一面，總是位於與地球相對的位置上。

　　除了宇宙觀之外，古希臘的天文學也很發達。古希臘天文

最耀眼之處是它的數學特徵，古希臘天文學家都是傑出的數學家，正因為如此，古希臘天文學不僅有天象變化星球移動的觀察紀錄，還有不少以數學為基礎的、設想天體如何運動的理論模型。

柏拉圖時代的數學家、力學家和天文學家歐多克索斯，是第一個嘗試對行星運動進行數學解釋的人。

歐多克索斯使用一種同心球模型來描述星體的運動。例如，太陽、月亮的運動分別用 3 個同心球的合成運動來描述；五大行星 —— 金、木、水、火、土，則分別用了 4 個同心球。

在數學方面，歐多克索斯證明了圓錐體體積是圓柱體的 1/3，比阿基米德早很多。

稍後一些的另一位天文學家阿波羅尼奧斯（Apollonius），也是幾何學家，對圓錐曲線進行了深入的研究。他著有《圓錐曲線論》八卷，其中詳細討論了以不同平面切割圓錐面得到的各種不同類型的圓錐曲線的特徵，為 1,800 多年後克卜勒、牛頓、哈雷等學者研究行星和彗星軌道提供了寶貴的數學基礎資料。

阿波羅尼奧斯在天文學中提出的本輪模型（epicenter），成為希臘天文學最終的頂峰成果。他最早提出行星運動的「均輪和本輪」模型，之後，該模型被托勒密發表在《天文學大成》（Almagestum）一書中，並用以解釋當時所知五顆行星的逆行，以及從地球上觀察行星顯而易見的距離變化等天文現象。在哥

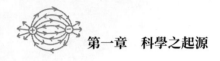

白尼之前的天文學家，都一直使用這個阿波羅尼奧斯開創的「托勒密模型」。

希臘科學家很早就開始以計算和測量猜想地球、太陽、月亮的大小，以及它們之間的距離，充分體現出當時天文學家高超的數學水準，下舉一例。

埃拉托斯特尼（Eratosthenes）曾經設計出經緯度系統，計算出地球的直徑。他曾經在亞歷山大圖書館擔任管理員和館長，與阿基米德是好友。亞歷山大圖書館位於埃及的亞歷山大港（又譯亞歷山卓），兩者均因馬其頓王國國王亞歷山大大帝（亞里斯多德的學生）而得名。

在他居住的亞歷山大港附近的賽伊尼（Syene，現為埃及的亞斯文）有一口深井，當一年之中夏至的正午時分，太陽位於天頂，光線直射入深井中，水中明顯可見太陽之倒影。這時候，對於相距約 500mile（805km）外的亞歷山大港，太陽卻偏離天頂一個角度。如果在地上立一個標竿，測量標竿影子的長度便能測得這個偏離角，結果為 7.2° 左右，然後埃拉托斯特尼經過簡單的計算後便得到地球周長，見圖 1-6-2。

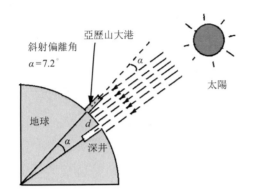

賽伊尼與亞歷山大港的距離
地球周長為L，圓周為360°
因為360°是7.2°的50倍，因此
　$L = 50d$
　　$= 25\ 000\text{mile}$
　　$\approx 40\ 250\text{km}$

圖 1-6-2　古希臘人測量地球大小

　　現在普遍認為，當時埃拉托斯特尼計算出的地球周長在 39,690 ～ 46,620km 之間，作為 2,000 多年前的結果，與現代測量實際周界 40,008km 比較，算是很不錯了。

　　古希臘及希臘化時期，還有不少其他的數學家與天文學家。

　　宇宙學方面，古希臘有好幾個天文學家偶然有過「太陽是中心」的思想。例如，西元前 400 年左右的菲洛勞斯的「中心火」模型，但最早有所記載、正式提出日心說的是阿里斯塔克斯（Aristarkhos）。他在計算地球和太陽大小及兩者距離後，發現太陽比地球大很多，所以提出了日心說，因此被稱為「希臘的哥白尼」。

　　塞琉西亞的塞琉古（Seleucus of Seleucia）是希臘化時期的巴比倫天文學家。他繼承了古希臘天文學的成果，也提倡日

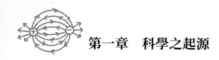

心說，並解釋了潮汐形成的原因。塞琉古第一個說明了潮汐是由月球吸引產生，且潮汐的高度與月球和太陽的相對位置有關。

喜帕恰斯（Hipparkhos）記載了 1000 多個恆星的位置和亮度，將這些星星從 1 等星到 6 等星分成 6 個等級，有「方位天文學之父」之稱。

皮西亞斯（Pytheas）是古希臘的航海家，他為了科學目的而航海探險到靠近北極，觀察到北極極晝現象，發現夜晚只有兩個小時，是第一位記載極晝、極冠的人。

最後的托勒密集希臘天文學之大成寫成書，相關內容將在後文中介紹。

7 古中國天文學和宇宙觀

中國古代天文學

中國古代的天象記錄十分發達，的確是一種與「天文」有關的活動，卻不是現代意義上的「天文學」。中國古代有當時世界上最豐富、最有系統的天文觀測紀錄，記載了不少當時看起來十分「奇異」的天象。用當今的觀點，重新考證這些幾千年前的觀測紀錄，可以為現代天文學研究提供豐富寶貴的歷史資料。下面列舉日食、哈雷彗星、超新星紀錄的例子。

- **有關日食的紀錄**：歷史上最早的日食紀錄出現在西元前 2137 年 10 月 22 日，夏代仲康的「書經日食」。據說從西元前 1400 年左右開始，中國已有規律的日食與月食紀錄，例如西元前 776 年，《詩經·小雅》中描述：十月之交，朔日辛卯，日有食之……。

- **有關哈雷彗星的紀錄**：如《春秋》中描述：「魯文公十四年（西元前 613 年）七月，有星孛入於北。」這是哈雷彗星的最早記載。到 1910 年為止，中國史書對哈雷彗星出現的記載多達 31 次。（注：哈雷彗星的迴歸週期是 75.3 年，從西元前 613 年到 1910 年，出現 33 ～ 34 次。）

- **有關新星或超新星的紀錄**：西元前 532 年，「周景王十三年春，有星出婺女」，這可能是新星的紀錄；而最早的超新星觀測紀錄是 SN185（或 RCW86），於東漢中平二年乙丑（西元 185 年 12 月 7 日），《後漢書·天文志》記載：「中平二年（西元 185 年）十月癸亥，客星出南門中，大如半筵，五色喜怒，稍小，至後年六月消。」

宋朝（西元 1006 年 4 月 30 日）觀察到 SN1006 爆發，是由司天監周克明等人發現，稱作周伯星。在《宋史·天文志》中記載：「景德三年四月戊寅，周伯星見，出氐南，騎官西一度，狀如半月，有芒角，煌煌然可以鑑物，歷庫樓東。八月，隨天輪入濁。十一月復見在氐。自是，常以十一月辰見東方，八月西南入濁。」

西元 1054 年 7 月 4 日，產生蟹狀星雲的一次超新星爆發，而這次客星的出現被宋朝天文學家詳細記錄。《續資治通鑑長編》記載：「至和元年五月，客星晨出東方守天關至是沒。」

中國古代有如此準確又完整的天文觀測，卻並不是基於對天體間的位置關係及其運動規律得到的認識。這些觀測資料僅僅是記錄下來的數據，沒有昇華到「天文學」的理論。當時觀測天象的目的，既不是為了探索大自然的祕密，也不是為了幫助農業，預測旱澇洪水或任何氣象災難，而完全是為封建帝王服務。中國歷代帝王都迷信於「天數」，企圖利用天象服務於人事。因此，中國古代的天象觀測主要有兩個目的，一是造曆，二是星占。中國天文學落後的另一個原因是因為古代天文學被皇權壟斷，禁止百姓私自研究天文，如有犯者，罪同造反，將被斬首。當時從事天文觀測的人，原本不算科學家，而是占星家一類的人士，或者是管理曆法和星象的官員。十分有趣的是，這些人絕對想不到，他們觀察到且記錄下來的天象，如今成為現代天文學研究的寶貴財富。從這個意義上來說，他們當之無愧地可以被稱為「天文學家」。

所以中國古代沒有天文學，卻有天文學家，例如戰國（西元前 4 世紀）的齊國天文學家甘德，據說用肉眼觀察到了伽利略 1,000 多年後用望遠鏡看到的木衛三，而甘德與同時代的魏國天文學家石申合著的《甘石星經》，僅晚於巴比倫星表的星表。

中國古代宇宙觀

　　古中國宇宙學的思想距離現代學說不太遠，中國古代有好幾個宇宙模型：宣夜說、蓋天說、渾天說，並稱為「倫天三家」，其中渾天說是最接近地心說的理論。西漢民間天文學家落下閎（西元前 156 年～前 87 年），是渾天說創始人之一，曾創立了中國古代第一部有完整的文字記載的新曆法，製造觀測星象的渾天儀；東漢的張衡（西元 78 年～ 139 年）解釋和確立了渾天說，他在《渾天儀注》中說：「渾天如雞子。天體圓如彈丸，地如雞子中黃……」認為天是一個圓球，地球在其中，就如雞蛋黃在雞蛋內部一樣。張衡還認為「天球」之外還有別的世界「宇之表無極，宙之端無窮」，這是無窮宇宙的觀點。雖然上文中說「大地像蛋黃」，但深究下去，渾天說表示的只是「天把大地像蛋黃一樣包在當中」的意思。張衡仍然認為「天圓地方」，大地是平面的，周圍是水，平面的大地浮在水上。中國人從未發現大地是球形的，也未能提出一個基於邏輯、數學的宇宙體系。渾天說離地心說也許只有一步之遙，但終究也沒有跨過去。

8　古代教育

教育的作用

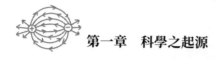

教育對科學的作用不言自明，沒有教育的發達，便沒有科學的傳播和繼承。長江後浪推前浪，科學是無數科學家一代一代前僕後繼努力的結果。從亞歷山大大帝去世，到羅馬帝國建立（西元前 323 年～前 30 年），被稱為希臘化時期。人們通常認為這期間是古希臘文明的衰落期，但它在科學史中卻仍然占有異常重要的地位，原因之一要歸功於教育。

米利都學派之後，古希臘哲學中心移向雅典，值得一提的人物是蘇格拉底和他的學生柏拉圖以及柏拉圖的學生亞里斯多德，這 3 位雅典人被譽為「希臘三賢」。

學校和研究所是教育的重要機構，柏拉圖在西元前 387 年，在雅典辦起了柏拉圖學院，當時的名字就是 Academy，而這個詞在大多數情況下被翻譯為「科學院」。

柏拉圖學院是歐洲第一所綜合性學校，教授哲學和自然科學，同時也是一個著名的研究機構，吸引了許多學者和文人。後來，亞里斯多德仿效老師，創辦了呂克昂學院（Lykeion），又稱為逍遙派學校。當時的雅典有四大哲學學校，除了柏拉圖的「科學院」和亞里斯多德的「呂克昂學院」之外，還有伊比鳩魯學派的「花園」和斯多葛學派的「柱廊」（Stoa）。亞里斯多德的呂克昂學院延續了數百年，柏拉圖學院更是經久不衰，據說其存世之久超越任何一所歐洲大學。

科學從希臘本土真正向希臘以外轉移，是始於世界上第一個國家資助的科學研究機構 —— 埃及的亞歷山大圖書館。這

個機構雖然位於埃及，卻是由古希臘人創建的。當年的亞歷山大成為馬其頓國王之後開始東征，征服波斯，進攻印度，所向披靡，戰無不勝，使當年希臘的領土從愛琴海幾乎快要延伸到了喜瑪拉雅山腳。亞歷山大大帝在東征途中的尼羅河口建立了亞歷山大城，沒料到最後，這位年輕的軍事天才壯志未酬身先死，33 歲時就病死於巴比倫。亞歷山大大帝暴病而亡後，其好友和追隨者托勒密在埃及稱王，建立了頗有希臘化風格的托勒密王朝，資助建立了亞歷山大圖書館。建立該館的另一原因是因為亞歷山大大帝在東征時，從各國奪得了大批藝術珍品和文獻資料交給老師亞里斯多德研究，這些豐富的資料成為博物館的第一批寶貴財富。

　　亞歷山大圖書館除了研究哲學和文學藝術之外，也展開各項科學相關的學術活動，探討數學、天文學、地理、物理、醫學、解剖學，等等。以下列出 4 位在亞歷山大圖書館從事過科學研究的大師名字，大家就不難理解該圖書館對科學發展的巨大貢獻了。這 4 位學者是：物理學家阿基米德、幾何學家歐幾里得、天文學家阿里斯塔克斯（Aristarkhos）與解剖學家希羅菲盧斯（Herophilus）。

　　以《幾何原本》聞名於世的歐幾里得，曾在亞歷山大圖書館長期從事教學、研究工作，建立了與科學發展密切相關的幾何公理化邏輯體系。

　　數學家兼物理學家阿基米德誕生於西西里島的貴族家庭，

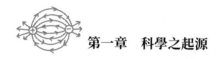

父親是天文學家兼數學家。阿基米德 11 歲時到亞歷山大城學習，也曾在亞歷山大圖書館研究。阿基米德把數學和物理緊密結合在一起，並進行實驗和應用。阿基米德在 75 歲高齡時，正值羅馬軍隊進犯他的祖國敘拉古（西西里語：Sarausa），一代數學物理大師慘死於羅馬士兵的刀劍下。

史上有記載的首位創立日心說的天文學者阿里斯塔克斯（Aristarkhos），也曾在亞歷山大圖書館做研究，他早就認識到地球和行星一邊自轉一邊圍繞太陽轉的規律。他嘗試測量地球和太陽間的距離，提出地球體積小於太陽的觀點，可惜直到 80 歲時在亞歷山大城過世，他的看法也未被人們廣泛接受。大約 1800 年之後，他的日心說理論才被哥白尼發展和完善。

在亞歷山大圖書館做過研究的第 4 位著名學者是希羅菲盧斯，他繼承了被尊為「醫學之父」的古希臘醫生希波克拉底（Hippocratic）的傳統，重視解剖實踐，對人體進行了系統、直接、精密的觀察。據說他透過屍體解剖描述了大腦的血管分布，對眼球的內部結構進行了仔細解剖，命名其中的網狀結構為視網膜。他第一個描述了十二指腸的結構、動脈的波動與心臟搏動的密切關係。一般認為，希羅菲盧斯開創了神經解剖學，證明了神經從腦部起源，再到眼睛及其他器官。

總之，教育使得希臘化時期繼承和傳播了科學發展，使科學傳統得以一代一代薪火相傳：從泰利斯，到雅典的三賢，又到亞里斯多德的學生亞歷山大大帝，再到托勒密建立世界第一

個以國家資助的學術科學研究機構，這裡可清晰地見證教育對科學承上啟下的巨大影響力。在希臘化時代，科學發展除了得益於東西方歐亞非三大洲古老文明的交匯，也得益於亞歷山大及其後繼者以國家資金對科技活動的熱心贊助。

如果將學校和經費看作教育的「硬體」，教育者所代表的教育思想便是教育的「軟體」。

一個人的智力來自兩個方面：先天和後天，先天靠遺傳，後天靠教育。教育者的工作便是根據被教育者的先天因素因材施教，啟發誘導，盡可能發揮他們自己的特長。例如，美國哈佛大學的一位心理學和教育學的教授加德納（H. Gardner）提出，人有多種不同方面的先天智慧，包括語言、邏輯數學、音樂、運動、空間視角、人際交往、內省等。每個人的才華都不一樣，都是這多種能力的唯一組合。那麼，這些因素中，哪些與科學相關？哪些與工程有關？哪些與管理有關？哪些與藝術有關？這都是教育者應深入思考的問題。

就我們討論的科學而言，什麼樣的教育思想、體制、方法、理念，才最適合激發人們的求知慾和好奇心，最利於科學的發展和進步呢？在這些方面，東西方的觀念和做法自古就有所不同。

古希臘的教育理念

教育在古希臘，扮演著重要的角色。古希臘教育有兩個突出特點：斯巴達的軍事體育訓練和雅典的文化科學教育。

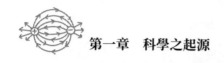

　　斯巴達和雅典是古希臘兩個不同的城邦，分別代表兩種極端的教育模式：斯巴達培養勇敢的戰士，而雅典培養有文化、有知識的公民。

　　蘇格拉底雖然對科學沒有任何直接的貢獻，但他的教育思想卻讓科學得益匪淺。這位西方「教育始祖」，不僅以其教育理念傳承至今，而且教育出了在各方面超越他的兩位徒子徒孫。

　　蘇格拉底出生於一個普通公民家庭，父親是石像雕刻匠，母親是助產士。他早年對自然科學（幾何和天文）頗感興趣，但後來放棄了希臘哲學探究自然規律和萬物本源的傳統，轉向研究倫理道德和從事教育。因為蘇格拉底熱愛雅典，熱愛他的祖國，認為道德和教育對國家更為重要。蘇格拉底以教導雅典青年，幫助他們探索人生目的為職志。不過，頗具諷刺意味的是，這位愛國者最後被雅典法庭以不信神和腐蝕青年等罪名判處死刑。蘇格拉底接受判決，拒絕逃亡，從容赴死。這位流芳百世的哲學家和教育家，當時卻不得不以生命的代價來捍衛他所提倡和信奉的「遵守雅典法律」的道德原則。

　　前面已經介紹過，在亞里斯多德的眾多學生中，出了一位偉大而成功的軍事統帥：亞歷山大大帝。這位大帝支持老師的工作，對科學也算有間接的貢獻。

吾愛吾師，吾更愛真理

　　古希臘哲學（或科學）精神的重點是「自由」，這裡的自由

一詞有多方面的含義。例如，相對於代表神祇的宗教，自由意味著無神；在探索自然規律時，自由意味著不是借助非自然力量，而是從自然本身來解釋現象；相對於權威，自由意味著勇於質疑和自我思考；對科學而言，自由者憑興趣做原創研究，不模仿或抄襲，不被權威束縛，不受功利的引誘。

　　對教育者而言，自由有雙重意義，一是自己的自由思想，二是給學生以充分思考的自由。第一點反映了學者自身的治學特色和風度修養，第二點表現的則是教育者的教授方法和教育理念。

　　例如，蘇格拉底將自己的教育思想用母親的職業「助產」一詞來說明。意思是說，教育的目的不是灌輸知識，而是像一個「助產士」，需要使用助人產生知識的「精神助產術」。蘇格拉底認為，知識無須被灌輸，人們從實踐中可能已經具備了某種知識，類似於十月懷胎一樣。教育者的作用就是幫助受教育者透過自由思考而誕生思想、誕生知識，這是古希臘自由精神在教育中的體現。

　　為實現他的「助產術」式教育，蘇格拉底不教給學生現成的答案，而是經常採用「對話詰問」的形式，以提問的方式讓學生發現問題、揭露矛盾。

　　學生可以與老師的想法不一樣，可以懷疑，老師提出的問題也不必有任何「標準答案」。這樣才能培養出善於思考、超

越老師的學生。因此，蘇格拉底教出了一個與其不同的學生柏拉圖。

柏拉圖並不專注於發展老師的哲學，而是在自然科學領域有其獨特的貢獻，他將理性加上數學的邏輯分析，應用到天文學並推及整個宇宙，開創數學宇宙觀。他設想宇宙由兩種直角三角形產生出 4 種正多面體，對應於 4 種元素的微粒：「火」是正四面體，「氣」是正八面體，「水」是正二十面體，「土」是立方體，另有正五邊形形成的十二面體，形成天上的第五種元素「乙太」（aether）……這些觀點如今看來是錯誤和可笑的，但他開放大膽的幾何設想和邏輯推導，對科學的發展產生了深遠影響。

柏拉圖的學生亞里斯多德在科學成就上更勝一籌，他的學術領域包括物理學、邏輯學、經濟學、生物學等方面，在中世紀的科學史中發揮巨大的影響，並一直延伸至文藝復興時期。

亞里斯多德有句名言：吾愛吾師，吾更愛真理。（Plato is dear to me , but dearer still is truth.）這句話準確地體現了古希臘時代直到今天傳承下來的西方教育理念。

古代東方也有偉大的教育先祖：孔子。以孔子為代表的中國教育與如上所述的西方教育有何異同點呢？

孔子與蘇格拉底

　　孔子門生三千，賢者七十二，創立了影響深遠、2,000 多年都不倒的儒家學說，不愧為中國歷史上偉大的思想家、政治家，也是教育之祖。

　　孔子與蘇格拉底有不少相同之處，他們都出生於平常人家，都愛讀書，都重視修身養性，都從事倫理道德方面的教育，也都使用啟發式的教育方法。孔子宣稱「有教無類」，蘇格拉底提倡平等教育；兩人的思想留存都是由學生以對話方式記述的，希臘有柏拉圖的《對話錄》，中國有以孔子弟子們之記敘為素材的《論語》。

　　但如果仔細推敲，孔子與蘇格拉底的教育思想有若干不同之處，傳承下來便造就了不同的東西方教育。

　　以上說過，希臘教育名言之一是「吾愛吾師，吾更愛真理」，中國教育似乎更講究師道尊嚴，中國人有句名言「一日為師終身為父」，表現華人學生對老師的崇敬之心。

　　孔子教學生的目的是傳授「知識」，蘇格拉底是幫助學生產生「思想」。

　　中國教育似乎也提倡啟發式，但這種啟發的目的是想方設法地讓學生更好地理解老師的意圖，更快地接受老師的思想，而不是發展自己的思想，更不允許違背老師的意願。因此，孔子的方式難以教出超越自己水準的學生，事實上也是如此，未見孔子的徒子徒孫中有超過他的。

總體來說，蘇格拉底教人以疑，孔子教人以信。因此，古希臘教育方式適宜培養思考者、科學家，古中國教育方式適合培養管理者或技術操作人員。

雖然東方的教育方法也有其所長，但毫無疑問，西方教育方式更有利於科學的傳承和發展。我們只有認識到這點，才能吸取西方教育的優點。

9　亞里斯多德的宇宙

蘇格拉底不研究科學，但他於科學的深遠影響有兩點，一是他的獨特的反詰法有利於啟迪科學思維，二是他教出的兩名學生柏拉圖和亞里斯多德，對科學有傑出貢獻。

柏拉圖的哲學是藝術和科學進步的基礎。柏拉圖崇尚理性，特別重視數學，更推崇幾何，認為其抽象性和普遍性能把人的心靈引向真理。在他創辦的阿卡德米亞學院（Accademia）門口寫著：「不懂幾何者不得入內。」（Let no man ignorant of Geometry enter here.）柏拉圖用數學來研究科學，特別是天文學和宇宙學，他認為造物主已經為世界制定了一套完美而理性的方案，世間萬物遵循這套方案各自沿著規定美妙地運轉。從現代科學的觀點來看待柏拉圖，他強調的數學有助於催生科學，但他太過沉迷於所謂「永恆的形式」的宇宙觀，認為

我們現實中感覺到的一切只不過是這種永恆形式反射出來的陰影。因而，柏拉圖忽略了科學認知的另一方面：人類必須從觀察自然界中物體的運動、萬物之變化來理解大自然，從而才有可能進一步地探索宇宙，甚至改變大自然。也就是說，柏拉圖不重視實踐和實證，這顯然是與我們如今所提倡的科學精神相違背的，不利於科學的發展和進步。

相反，亞里斯多德則對科學實踐頗感興趣。他觀察地上奔跑的野獸、水中的魚和青蛙、天上飛翔的鳥兒，也注意植物生長和季節變化……並將這些如實記載下來，一如百科全書；口才極佳的柏拉圖呢，卻更像是一位為理想而吟唱的詩人。這種差異也有可能與他們的出身和少時的家庭環境有關。柏拉圖出身富裕的貴族家庭，據說是古雅典國王的後裔，童年時代的經歷可能更類似於中國古代帝王之家的那些「精通琴棋書畫，分不清五穀雜糧」的公子哥；而亞里斯多德的父親是希臘宮廷御醫，雖然家境也頗為富有，但從醫之人的家庭應該有重視實踐活動的傳統。

可舉一例說明師徒兩人追求科學的方法和思想理念之不同。例如，柏拉圖認為，世間是先有「馬」的理型，然後才有感官世界裡所有的馬匹，因此，具體的馬不重要，牠們僅僅是理型馬的影子；而亞里斯多德則認為他的老師把概念弄反了。他認為所謂理型馬，是人類看到許多馬之後抽象出來的東西，沒

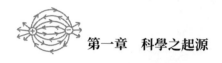

有各種的具體的馬,又何來理型馬。

　　總結亞里斯多德對科學的貢獻及影響,有如下幾點:

亞里斯多德是個難得一見的博學家

　　亞里斯多德從小熱愛學習,涉獵廣泛,之後慕名來到柏拉圖創辦的學院更是如魚得水。那年,亞里斯多德 18 歲,柏拉圖 60 歲,這一對師生是一老一少的忘年交,十分投緣。在那裡,亞里斯多德孜孜不倦地學習數學和自然科學,他的興趣和研究領域都非常廣泛,數學包括算術、平面幾何、立體幾何等,自然科學則幾乎包括了當時的所有學科,如物理、天文、生物、邏輯等,此外還有經濟、政治、歷史等人文學科。

　　亞里斯多德在柏拉圖學院一學就是 20 年,直到柏拉圖 80 歲高齡去世,亞里斯多德才離開雅典,之後去過小亞細亞等地,最後回到自己的祖國馬其頓王國。

　　來到家鄉的亞里斯多德從哲學世界回歸大自然,耐心地觀察蜜蜂、青蛙、老鷹、海豚、鯊魚等動物,不時還自己動手進行一些解剖和實驗,由此而探索了許多與柏拉圖的理念世界不一樣的另類知識。

　　西元前 343 年,亞里斯多德接受了馬其頓國王的邀請,成為後來號稱「馬其頓雄獅」的亞歷山大大帝的老師。當時的亞里斯多德 42 歲,亞歷山大 13 歲。師生倆的友誼維持多年,直到亞歷山大 33 歲突發暴病,英年早逝。在亞里斯多德的教育和

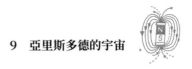

思想的影響下，亞歷山大即使在稱霸半個世界後，仍然不忘恩師，對亞里斯多德專注的科學事業十分關心，利用從征戰所到達的世界各地搜尋掠奪的寶物和樣本，為亞里斯多德提供豐厚的人力、財力資源，例如，據說當年亞歷山大安排了數千人，分別進行狩獵牧羊、飼魚養鳥等農牧業活動，使亞里斯多德能在廣泛的領域，有效地完成諸多科學研究。此外，亞歷山大用資金支持亞里斯多德建立呂克昂學院，從事教學和研究。因為亞里斯多德喜歡帶著學生，在校園里美麗的花園和林蔭道上一邊漫步一邊講課，因而人們為這群思想家們取了一個浪漫的名字 —— 逍遙學派（peripatetic school）。

　　細緻的觀察和廣泛的實踐，使亞里斯多德成為一位 5000 年人類歷史上罕見的博物學家，寫下了大量的著作。據說，他的著作有 400 ～ 1000 種，現存的只有 47 種，主要有《工具論》（*Organon*）、《形上學》（*Metaphysica*）、《物理學》（*Physica*）、《大倫理學》（*Great Ethics*）、《政治學》（*Politica*）、《詩學》（*Ars Poetica*）等，可說是古代的百科全書。涉及的範圍包括數學、物理學、天文學、生物學、醫學、邏輯學、心理學、經濟學，以及政治、倫理、詩歌、戲劇、人類歷史學、自然歷史等等。

亞里斯多德是使科學從哲學分離出來的第一人

　　正因為亞里斯多德涉獵了如此多的研究領域，他才能發明

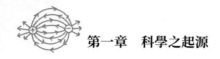

了各種科學學科並加以分類。

這其中的大部分學科，在此之前被統一叫做哲學，從亞里斯多德時期開始，這些學科才第一次獨立出來。亞里斯多德認為，人類的知識結構首先可以被分為三大類：理論、實踐和創製。理論科學是指單純地探索知識的學科；實踐科學指導人的行為；創製科學是指製作出產品的學科，包括工程、建築等。我們現在所謂的「科學」，應該屬於「理論」這一大類中，但與另外兩類有密切的關係。

在三大結構類別的基礎上，亞里斯多德命名了多門學科，並以科學的方法闡明了各學科的對象、簡史和基本概念。2,000多年後的今日學者，許多都承認亞里斯多德是自己所研究學科的重要創始人和奠基者，其中包括生物學、心理學、邏輯學、倫理學、政治學和經濟學等。

亞里斯多德不愧是御醫的後代，他對生物學和醫學都頗有研究。他的生物學著作有《動物志》（*Historia Animalium*）、《論動物的結構》（*De Partibus Animaliu*m）等，人們尊稱他為生物學的鼻祖。他率先按照生物本身的特性來研究豐富多樣的大自然，在動物的分類、胚胎發育、解剖等方面都有一定的貢獻。

亞里斯多德探索靈魂與肉體的關係，認為兩者是統一的、不可分離的，他的《論靈魂》（*De Anima*）是歷史上第一部論述各種心理現象的著作。

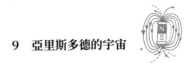

亞里斯多德是當之無愧的邏輯學創始人。他總結出三段論的邏輯推理方法，他的著作《工具論》是形式邏輯的經典教科書。

亞里斯多德也涉獵政治、法律、文學、美學、倫理、歷史等人文學科。例如「人是天生的政治動物」（Man is by nature a political animal）這句話，便是亞里斯多德著作中的名言。他列出六種政體（君主、貴族、共和、僭主、寡頭、平民）並詳細分析它們的利弊。亞里斯多德認為，政府制定法律必須具有正義性、普遍性、平等性、穩定性、靈活性與權威性等，對老百姓而言，則需要服從和遵守法律。亞里斯多德人文方面代表著作有《詩學》和《修辭學》等。

從《形上學》一書中，也可以看到亞里斯多德在數學方面的思考，他建立了極限、無窮數等相關的概念。但因為亞里斯多德並不贊同柏拉圖的數學至上，所以在數學方面只是談談概念、淺嘗輒止，並無深究。事實上，柏拉圖的數學理念及亞里斯多德的實踐精神，正是西方科學誕生的兩個基礎。

亞里斯多德研究了物理學許多方面，並著有《物理學》一書，如從現代物理的角度看，其中可能幾乎找不到一句話是正確的。他不承認有真空存在，並提出物體落地規律：物體越重下落越快，以及組成宇宙的「五種元素」、地球中心說……全都被後來的物理理論所否定。

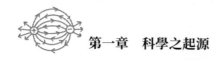
現在看來，亞里斯多德的《物理學》，更像是一部哲學著作，他沒有計算，只有議論，是集古希臘物理知識的大成而寫的。儘管如此，亞里斯多德仍然被認為是一個早期物理學的領路人，因為他提倡對自然規律的深度思考。我們不能要求 2,000 多年前的古人超前解決現代物理學的問題。

將各類自然科學從哲學分離出來後，哲學理所當然地也就成為一門獨立的學科。在哲學方面，亞里斯多德認為知識起源於感覺，實物本身包含著自然界賦予它的本質，宇宙萬物遵循著一定的規律而運行，但並不是被神所控制的。

對中世紀阿拉伯科學的影響

西方歷史中的「中世紀」，指的是西元 5 世紀到 15 世紀，也就是從西元 476 年西羅馬帝國的崩潰到西元 1453 年東羅馬帝國的滅亡這段時期。

有人將這段時期稱為科學的「黑暗期」，也許那時（希臘化之後）的科學的確顯得有些「黑漆漆」的，但並未滅亡。這顆將發芽的種子，或者說是等待成熟的胚胎，在西方世界列強的爭鬥和擴展中，被迫遷徙，四處流浪。也可以說，科學是在尋找適合它生根發芽的優良土壤。

隨著西羅馬帝國的滅亡，大量希臘羅馬典籍被毀，少數倖存的則流入了東羅馬帝國。因此，一些亞里斯多德著作被翻譯成了敘利亞文。著名的柏拉圖學院在 529 年，被羅馬帝國皇帝

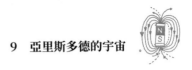

查士丁尼一世下令關閉。

　　之後，阿拉伯帝國成為一個空前繁榮、不可一世的強大帝國。當年，繼穆罕默德之後的宗教領袖，即歷代的哈里發，對科學思想算是相對開明的，對各種文化也是採取寬容和兼收並蓄的態度。當時在巴格達建立的圖書館及翻譯機構「智慧宮」（House of Wisdom）便是一例。智慧宮聚集了大批的文人學者，使巴格達成為舉世矚目的「智慧之城」。學者中不乏科學及哲學人士，他們將大量的希臘羅馬典籍包括亞里斯多德著作翻譯成阿拉伯文並加以注釋。

　　因此，亞里斯多德的科學研究成果得以在阿拉伯世界發揚光大，也相應地推動了阿拉伯科學技術的發展。中世紀的科學在伊斯蘭世界繼續下去，像明月一樣反射出古希臘科學的光芒，照亮了歐洲的黑暗期，使科學得以傳承和繼續發展，直到後來又回到歐洲，成長為現代的參天大樹。

10　托勒密的天空

對天文學感興趣的人大都會知道托勒密這個名字，他是古希臘天文學的集大成者，他的著作《天文學大成》（*Almagestum*）在哥白尼之前的 1,000 多年中被奉為經典。

克勞狄烏斯・托勒密（Claudius Ptolemaeus）既是數學家，又是天文學家和地理學家。在天文學和宇宙學方面，他是地心說的代表人物。儘管地心說後來被日心說代替，但在當時是頗具進步意義的。

古希臘人認為圓是最完美的圖形，便自然地用圓來描述行星的運動。那時候人類觀察到的離地球近的天體，實際上是五大行星加上太陽和月亮，這裡用「行星」一詞作代表。因此，天文學家首先為每一個行星都賦予一個叫「本輪」的圓圈〔圖 1-10-1（a）〕。人類立足於穩固而牢靠的地球上，每天晚上都看到各個天體循環往返，於是，便給整個宇宙圖像加上一個大大的圓圈，眾星都沿著它轉動，這就是均輪。

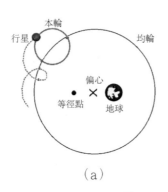

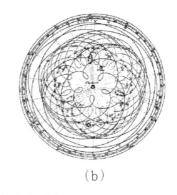

（a）　　　　　　　　（b）

圖 1-10-1　托勒密體系

（a）均輪和本輪；（b）複雜的地心模型

　　本輪和均輪的概念，最早是阿波羅尼奧斯在西元前 3 世紀提出，喜帕恰斯也經常採用，後來成為 300 年之後的托勒密地心體系的基本構成元素，現代人很少知道阿波羅尼奧斯和喜帕恰斯，所以一般將功勞統歸於托勒密名下。

　　古希臘人從天象觀測中已經知道，天體的運動並非完美的圓形，從他們的幾何知識很容易解決這個問題，因為不是圓形的天體運動軌跡可以看成是圓的組合。本輪與均輪的基本模型便是將行星運動首先看成是這兩個圓的組合而得到的。

圖 1-10-2　安提基特拉機械

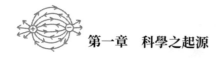

還有一件事說明古希臘天文學（及技術）之發達。1990年左右，人們從愛琴海的一艘沉船中發現一架齒輪機械，稱為安提基特拉機械（Antikythera mechanism），專家們鑑定它的製造年代是在西元前150～前100年之間。一開始以為它是一臺古希臘水鐘，但仔細研究後發現它比水鐘要複雜得多。有一大堆齒輪（37個，如今的機械錶只有10個齒輪左右），圖1-10-2可見的是安提基特拉機械中最大的齒輪，直徑大約140mm（5.5in）。最後確定它是古希臘時期為了計算天體在天空中的位置而設計的青銅機器，也就是模擬地心模型，因此可以算是世界上2,000多年前人類製造的第一臺模擬電腦了。

再回到托勒密的地心系統。從圖1-10-1（a）可見，在本輪與均輪模型中，地球並不在均輪的中心，而是偏向一側，中心處稱為「偏心」，另外在與地球對應的偏心的另一側，引進了一個「等徑點」，或稱等分點。將均輪畫成這種偏心均輪的原因是為了解決均輪上行星運動不是等速的問題。相對於等分點而言，行星運動的角速度便成為均勻的。

在托勒密系統的模型中，每顆行星都有不同的本輪和均輪。如果兩個圓圈仍然不足以描述天體的觀測數據的話，托勒密（以及使用這個系統的後人）便為這個天體加上更多的圓圈，如此下去，圓圈套圓圈，使得行星的運動模型變得十分複雜，為托勒密理論帶來罵名。例如，替火星套上了13個輪子，據說

到了 13 世紀的葡萄牙國王艾方索十世（Alfonso X）的時代，每一顆行星都需要 40 ～ 60 個小圓來進行軌道修正！不但方法繁瑣，形式也不美觀，但是無論如何，它能夠推算星體的複雜運動，因此，托勒密的行星運動模型被使用了 1,000 多年。

　　實際上，托勒密系統的複雜性，並非完全來自於使用了「地球為中心」的原因，本輪之所以有存在的必要，是因為使用了理想的「圓」作為行星的軌道。事實是，行星軌道是橢圓，太陽位於橢圓的一個焦點上。即使是 1,000 多年後，哥白尼將眾星環繞的中心移至太陽，一開始也困惑於這個複雜機制。

 第二章　科學之誕生

第二章　科學之誕生

希臘時代的科學再發達，也只走了路程的一半：發展出了形式邏輯和數學。然而，沒有實驗的發展和推廣，形成不了真正的現代科學。換言之，希臘時代的早期科學萌芽，只不過是一顆剛萌芽的種子，在默默地等待著春天的到來。

1　希臘數學家的傳承

古希臘數學家多以幾何著稱，但在希臘化的年代裡，也出了一位被譽為「代數之父」的丟番圖（Diophantus）。也有人認為這個稱謂應與比他大約晚出生 500 年的一位波斯數學家阿爾·花拉子米（Al‑Khwarizmi）共享。

數論中有一個著名的「費馬大定理」，說的是「當整數 n>2 時，方程式 xn+yn=zn 沒有正整數解」。這個定理有一段饒有趣味的歷史。據說費馬（Pierre de Fermat）在 1637 年，曾經專心閱讀一本數學書並作筆記。讀到第 2 卷第 8 題：「將一個平方數分為兩個平方數……」時，費馬對此問題頗感興趣，並推廣聯想到更為一般的情況。但費馬認為一般情形無解，於是在書頁邊的空白處寫下這樣一段話：「普通地將一個高於二次的冪分成兩個同次冪之和，是不可能的。關於此，我確信我發現了一種美妙的證法，可惜這裡的空白太小寫不下。」

這便是後人所稱「費馬大定理」的假設。這個問題的證明困

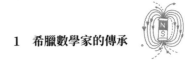

惑了數學家整整 300 多年，最終在 1995 年被英國數學家安德魯・懷爾斯（Andrew John Wiles）澈底完成。

　　當年費馬閱讀的那本書就是丟番圖所著的《算術》（*Arithmetica*）。

　　人們對丟番圖的準確出生年月及生活知道不多，只知他一生中基本居住和活躍在埃及的亞歷山大港。有趣的是，現代人對他的生卒年月日難以確定，但卻能確定他活了 84 歲，這個結論來自丟番圖的墓誌銘。

> 這個奇特的墓誌銘是一道謎語般的數學題，翻譯如下：
> 過路人！這裡埋著丟番圖，
> 聰明的你算算他活了多少年。
> 他生命的 1/6 是幸福童年，
> 生命的 1/12 是矇昧少年。
> 又過了生命的 1/7 他洞房花燭，
> 喜得貴子是在婚後 5 年，
> 可惜這孩子只活到了他父親年紀的一半，
> 孩子死後 4 年，丟番圖也結束了他的塵世之緣。

　　這段墓誌銘寫得太妙了。誰要想知道丟番圖的年紀，就得解一個一元一次方程式，解出的未知數（答案）便是 84。

　　丟番圖確實與代數方程式結下不解之緣，他的主要著作，那本被費馬細讀的《算術》，處理了求解代數方程組的許多問題。該書有不少篇幅已經遺失，在現存的版本中，仍然以問題

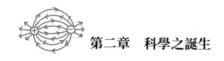

和答案集的形式收錄了 300 多個題目。因此,《算術》看起來不算是代數教科書,而更像是習題集。丟番圖是第一個認識到分數是一種「數」的希臘數學家,在他研究的方程式中,允許係數和解為有理數,這個現在看起來不起眼的事情,在數學史中卻具有開創性,在數論和代數領域作出了傑出的貢獻,開闢了廣闊的研究道路。但因為那個年代的數學家最熟悉的還是整數,所以在現代人的眼中,丟番圖的名字或許時常出現在數論中,例如,丟番圖方程式、丟番圖幾何、丟番圖逼近等,但在代數學中卻不常見。

丟番圖在數學符號方面也有貢獻。他認為代數符號比幾何圖像和人類語言更適合數學的深入發展,更能夠準確而深刻地表達概念、方法和邏輯之間的關係。因此,丟番圖盡量系統地使用符號、創造符號。符號的發明在數學史上是一大進步,我們現在都習慣了簡單的數學符號,仍然可以設想一下:一個公式,如果不用符號而僅用日常語言來表述,會十分冗長而含混不清。

丟番圖也有純粹幾何方面的書,如《論多邊形數》(*On Polygonal Numbers*),此外還有《推論集》等其他著作。

不少人對丟番圖的《算術》一書做過評注,其中包括一位女數學家 —— 希帕提婭(Hypatia)。

希帕提婭是歷史上第一位女數學家,同時也是當時廣受歡迎的哲學家和天文學家。與丟番圖一樣,她也居住在埃及的亞

歷山大港,是當時著名的希臘化古埃及新柏拉圖主義學者,對該城的知識社群有極大的貢獻。她對丟番圖的《算術》、阿波羅尼奧斯的《圓錐曲線論》(*Conic Section*)以及托勒密的作品都做過評注,但均未留存。

希帕提亞的父親席昂(Theon)是亞歷山大圖書館的最後一位研究員,也是與繆斯神殿有關的最後一位館長。希帕提亞受其父之啟蒙,學習哲學和數學,但她青出於藍而勝於藍,不僅在文學與科學領域造詣甚深,對天文學也頗有研究,研究過圓錐曲線和天體運行規律,還與她的一位學生一起發明了天體觀測儀以及比重計。

當時的東羅馬帝國已被基督教統治,科學沒落,基督教興起。希帕提亞當時生活在亞歷山大港,不信基督教,身處「異教徒」與基督徒的衝突之間,最後基督徒要求澈底夷平異教信仰,希帕提亞被視為女巫,成為犧牲品,被暴徒殘酷地迫害殺死,終年 40 歲。2009 年,她的生平被改編成西班牙電影《風暴佳人》(*Agora*)搬上銀幕。

西元 8～9 世紀,丟番圖的著作逐漸傳到阿拉伯國家,對阿拉伯數學產生巨大的影響。許多中世紀以及近代的數學家,如剛才提及的費馬等,都受到過丟番圖的許多啟發。

阿拉伯時代對代數作出重要貢獻的是波斯數學家花拉子米,他是巴格達智慧之家的學者,一位數學家、天文學家及地理學家。

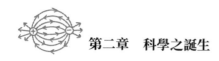
　　有觀點認為，花拉子米比丟番圖更應被稱為「代數之父」。花拉子米的著作《代數學》（*Liber Algebræ et Almucabola*）是第一部解決一次方程式及一元二次方程式的系統著作，不像丟番圖的《算術》只是習題集。但兩位先賢相差 500 年，學術成就無法比較，在稱呼上計較也沒有多大意義。12 世紀，花拉子米著作的拉丁文譯本傳入歐洲，阿拉伯數字及十進制也因此傳入西方世界，成為國際通用的數學符號及進制系統。

2　阿拉伯世界的光亮

　　前面介紹的波斯數學家花拉子米是中世紀時期阿拉伯科學家代表人物。一般將西元 476 年西羅馬帝國的崩潰到西元 1453 年東羅馬帝國的滅亡這段時期稱為「中世紀」。有人認為這是歐洲歷史上的「黑暗時期」。

　　歐洲的中世紀到底是不是漫漫「長夜」？對此學界頗有爭議。但總而言之，西方不亮東方亮，這一千年內，正包括了阿拉伯帝國處於上升發展並達到頂峰的時期，科技也是如此。在遙遠的東方古代中國，經歷了從南北朝、隋唐、五代十國、宋朝、元朝，一直到明朝初期，儘管仍然是朝代更迭皇帝集權的封建社會，但也有過短短的一段科技鼎盛之時。

　　無論中世紀的歐洲算不算黑暗期，但就科學成果而言，那

一千年的確乏善可陳。即使是阿拉伯世界和中國的貢獻，也沒有任何科學成就可與古希臘的相媲美。當然，整個世界也不是完全的知識荒漠，阿拉伯國家的科學，有對古希臘思想的保存和延續，也有一定的研究和發展，雖然不是亮得耀眼，但仍可算是一道淡淡的月光，照著歐洲昏暗的夜空，反射出些許古希臘太陽的光輝。

如今回顧科學史，在古希臘之後，哥白尼、伽利略等代表的科學革命之前，全世界應該有三條可能的發展路線。東方的那條線是畫在相對獨立的華夏水域文明之上的，與古希臘科學基本沒有交集。但在希臘化之後，古希臘的科學繼承可以分為兩條線，一條「淡淡」的，由東西羅馬帝國之連接而延長至西北方的歐洲，另一條則向東通向了阿拉伯世界。

最終的歷史選擇是什麼呢？科學的發展路線是：古希臘 —— 羅馬 —— 阿拉伯 —— 歐洲（誕生）。

科學經過了一條迂迴的路線，最後誕生於歐洲。因而就有了另一個問題：科學的種子移植到了阿拉伯，可現代科學為何沒有誕生於阿拉伯呢？這也許是一個沒有意義的問題，因為歷史不能重演，歷史也沒有「如果」，偶然性中又包含著必然性。但是，與李約瑟思考的問題類似，探索一下這段科學史也許能使我們廣開思路，幫助我們抓住當前的科學發展最佳時機。

從希臘朝向歐洲的那條科學發展「淡色」線未曾加深，當年

的羅馬人，雖然在軍事和政治上征服了希臘，但古希臘的科學精神和自由思想仍然多數保留於東部，也難以被西羅馬完全接受。西羅馬帝國被滅亡後，東羅馬帝國（拜占庭帝國）還「苟延殘喘」了上千年。實際上，拜占庭帝國並沒有很典型的「帝國」意味，各個區域相對而言具有一定的獨立性。

並且，從亞歷山大大帝時期開始，希臘化之後的科學並不主要集中在希臘本土，而是在希臘統治下的埃及和近東地區。當年的亞歷山大大帝在計劃出征阿拉伯半島前夕猝死，阿拉伯半島始終沒有成為羅馬帝國的疆土。但是，亞歷山大港的圖書館卻始終是希臘學術界的中心，是精英人士的薈萃之地，那裡的學術空氣濃厚，學者雲集，繁榮達千年之久。這點從之前的介紹就可看出：許多著名的科學家和數學家，比如阿基米德、歐幾里得、阿波羅尼奧斯、托勒密、喜帕恰斯、尼科馬霍斯（Nicomachus）、丟番圖、希帕提亞等，基本上都在亞歷山大港做過研究。

亞歷山大圖書館也造成了將兩河文明與希臘科學融合的作用，該館把埃及小亞細亞及亞洲其他地區的大量書籍作品等翻譯成希臘文，當成希臘文獻保存，直到西元 641 年，阿拉伯人攻占亞歷山大港後，逃出的拜占庭學者把希臘文獻帶入敘利亞、巴格達等地，又把這些希臘文的作品翻譯成阿拉伯文。

後來西北部的歐洲人將這些阿拉伯文獻翻譯成拉丁文，

由此認識了如亞里斯多德這樣的「科學的祖先」，推動了歐洲的文藝復興，並誕生了科學。所以，希臘科學傳統的主線是透過拜占庭帝國和阿拉伯世界才得以延續下來。這種延續的實現方式就是兩次「大翻譯運動」（The Great Translation Movement）：7 ～ 9 世紀將希臘文翻譯成阿拉伯文，以及 12 世紀將阿拉伯文翻譯成拉丁文。

也許又是因為亞歷山大港所處的位置，當時的阿拉伯人比歐洲的拉丁世界更善於吸收希臘傳統。在翻譯運動之前，阿拉伯幾乎沒有科學，這也可能是阿拉伯人更容易接受希臘精神的原因之一。阿拉伯世界對科學既有繼承又有發展，花拉子米便是一例。據說當年，在巴格達和其他大城市建立的圖書館數以百計。例如 10 世紀開羅的皇家圖書館就有 40 間擺滿書籍的房間，其中光自然科學（外來科學）方面的書籍就有 18000 冊，總體藏書據說有兩百萬冊。如當年的阿拉伯學者伊本・西那（Avicenna）對布哈拉城皇家圖書館的描述：「我在那裡看到許多放滿圖書的房間，裝有圖書的書箱疊成一層又一層……。」

希臘學術在阿拉伯世界的系統翻譯，持續了兩百年。蓋倫的醫學、柏拉圖和亞里斯多德的哲學，歐幾里得的《幾何原本》和托勒密的《天文學大成》等都被翻譯成阿拉伯文。到西元 1000 年左右，流傳於世的主要希臘學術著作幾乎都有了阿拉伯文版本。

　　阿拉伯人在天文學方面成果頗多，不僅吸收了托勒密的地心體系，還建立了許多專業的天文臺，透過天文觀測校正托勒密模型的參數，不斷改良新的行星模型。當時阿拉伯世界最大的天文臺之一，是坐落於伊朗北部的馬拉蓋天文臺（Maragheh Observatory），那裡的學者發展出一套「圖西雙輪」（Tusi couple）的工具，用兩個等速圓周運動合成一個往復的直線運動。後人借助圖西雙輪建立出一套不需要托勒密「均衡點」的行星模型地心體系，在數學上與哥白尼體系等價。

　　阿拉伯人還發明或改良了星盤，這是一項在天文學、地理學、航海和占星等領域用途廣泛的觀測工具。波斯的花拉子米不僅是代數學的奠基人，對天文學也有貢獻，他繼承其印度及希臘先輩，對日晷的理論和結構做出了重要的改進，大大縮短了日晷的計算時間。第一個象限儀也是花拉子米在 9 世紀於巴格達發明的。古象限儀可在地球上的任何緯度、任何時間使用以判定時間，這是中世紀僅次於星盤的常用天文儀器，在阿拉伯世界常被用來判定禮拜的時間。

　　中世紀的阿拉伯天文學如此發達，以至於中國從元朝開始，專門設置了「回回司天監」的位置，以供養阿拉伯天文學家，引入阿拉伯天文學。

　　總之，在一定的地緣意義上，是阿拉伯人繼承了希臘科學，為現代科學的誕生做了不少鋪墊的工作，阿拉伯科學家也

有他們獨特的貢獻。但是事實上，我們所指的「阿拉伯人」是對當年活躍於阿拉伯地區的學者的一個統稱，其中不少本來就是拜占庭的希臘人及其他民族的人。

後來，阿拉伯科學在其帝國氣數將盡時，也失去了動力，很快就衰敗了。最終仍然是歐洲人接班，創立了現代科學。

亞里斯多德認為，自由學術的發展有幾個條件：閒暇的階層、批判之傳統以及對自然規律的好奇。最後兩點本是屬於科學家自身的素養，但可以說與教育方式也有一定的關係。就第一點而言，中國也不乏閒暇的階層，但他們缺乏第二、第三點，他們從不思考科學，只是吟詩作賦、琴棋書畫或者研究權術。

3　天文學打頭陣

中世紀的理性思想之萌芽，如何轉變成了如此發達進步的現代科學，其間經過了好幾次科學思想的突破，也就是後人所稱的「科學革命」。據說每次臨近科學革命時期，人們一般會陷入極度的不安全感中，學者們不斷地爭辯科學中的基本概念的定義等。

第一次科學革命是物理學方面的，起始於 16 世紀哥白尼的「日心說」，史稱「哥白尼革命」；化學、生物和醫學的革命則稍晚一些，開始於 18、19 世紀。

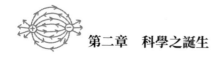

　　人類生活在地球上，對周圍的環境十分熟悉，對天上的事情應該知之甚少。但奇怪的是，科學的第一場思想變革卻是發生在天文學，即對天體行星運動規律的認識上，實際上，也就是對整個宇宙的認知，因為那時候人們眼中的整個宇宙幾乎就只有太陽系。

　　尼古拉·哥白尼（Nicolaus Copernicus）是波蘭人，人生中的 70 年主要在波蘭和義大利度過。哥白尼以日心說而留名後世，但他當時的職業既不關於天文也不關於物理，而是一名神父和醫生。哥白尼 10 歲喪父，不過，之後他由富裕的舅舅養大，受到良好的教育。哥白尼就讀的是中世紀大學，哥白尼也曾在波蘭的克拉科夫市亞捷隆大學和義大利的帕多瓦大學接受教育，學習了數學、天文學、法律、醫學等。之後，天文學成為他畢生的興趣和追求。

　　1506 年哥白尼回到波蘭，擔任他舅舅的醫生和祕書。哥白尼在波蘭波羅的海旁邊的弗倫斯堡（Flensburg）還得到一個教士的位置，使其在工作之餘有足夠的時間研究天文學。他建了一個小天文臺供自己觀測研究使用，後來被稱為「哥白尼塔」。但是從可考察到的記載來看，哥白尼很少進行天文觀測，他的日心說體系，主要是以對前人的觀測結果進行思考和計算而建立的。

　　在回到弗倫斯堡後不久，哥白尼就有了日心說的構思。他寫

了一篇匿名短文，後來被人稱為《短論》（*Commentariolus*），表述了他的基本想法：地球並非宇宙的中心，太陽才是中心，除月球以外的所有天體都繞太陽旋轉，只有月球是繞地球旋轉，因而，地心僅是月球運動的中心以及地面上物體下落的中心。哥白尼還認識到，人們所看到的太陽及星體每天看起來的「升落」運動，實際上是因為地球自轉的原因產生的視覺效果。但這篇文章直到哥白尼死後才被發表，影響遠不如他的另一著作《天體運行論》（*De Revolutionibus Orbium Coelestium*）。

哥白尼將他的日心說思想，在腦袋裡存放了十幾年，直到去世的那一年 —— 1543 年，他才將《天體運行論》付印出版。據說在哥白尼彌留之際，這部書被送到他的病榻前。大師用雙手在書脊上摩挲了一會兒，臉上泛起一絲滿足的微笑，1 小時之後，便安然離世而去。如今我們很難考證，哥白尼生前遲遲沒有出版自己的著作，是擔心些什麼呢？是害怕被教會當作異端邪說而被禁止或迫害，還是擔心天文學同行的反對，抑或是自己對日心說理論還心存質疑，需要反覆求證？

如今回頭看歷史，天主教會是在《天體運行論》出版 70 多年之後的 1616 年，才發出了對該書的禁令。對天文學家而言，也許哥白尼的理論在當時太過前衛，《天體運行論》發表 60 年之後，整個歐洲大陸總共約有 15 位天文學家支持哥白尼，其中包括布魯諾、伽利略、克卜勒等。

從現代物理的觀點看,「日心說」只不過是將觀測的座標系從地球移到了太陽而已。因為無論是體積或質量,太陽都要比地球及其他行星大得多,所以,一幅太陽靜止、地球和行星繞著轉的圖像,顯然要比反過來的圖像自然多了。例如,你帶孩子去遊樂園坐旋轉木馬,好多木頭動物圍著中心轉,速率還各不一樣。那麼這時候,地心說就好比是你坐在某個轉動的木馬上來觀察世界,而日心說則是你站在靜止不動的中心地帶來觀察世界,前者會使你眼花撩亂、頭腦昏昏,看不清楚誰動誰不動。而在後一種情況下,你才容易找出所有木頭動物都在作圓周運動的規律。

因此,哥白尼體系就是靠著將觀測平臺移動了一下,而巧妙地避免了托勒密體系中一切多餘或不和諧的因素。哥白尼引進地球一邊自轉一邊繞太陽公轉的圖像,使得托勒密體系中的許多不自然之處,如某些行星「逆行」之類的怪事立刻能夠解釋。

那為什麼日心說當年沒有得到廣泛的支持呢?其原因也並不完全是人們屈服於宗教觀念或教會壓力。在《天體運行論》出版後的數十年間,大多數科學家拒絕接受這一理論,也不僅僅是出於保守頑固不願接受新事物的偏見。

事實上,哥白尼最初的理論並不完善。哥白尼的日心說,從哲學思想和美學觀念來看很不錯:圖像清晰直觀、道理簡潔明了。但是,就解釋天體的運動以符合觀測資料而言,卻並非完美。

　　如果所有天體的運行都是完美的等速圓周運動，那托勒密的地心模型與哥白尼日心模型完全等價，只是參照系不同而已。為了處理實際運動與等速圓周運動的偏離，托勒密引入了偏心均輪及等徑點等方法，哥白尼則採用了更多的本輪，有時候和托勒密系統一樣複雜。

　　哥白尼理論中絕大部分數據，仍然是取自托勒密的《天文學大成》，並沒有透過自己的觀測得到任何新的觀測數據。因此，科學家們很難因為哥白尼體系在「審美標準」方面的優勢而放棄他們使用了 1,000 多年的托勒密體系，何況哥白尼體系仍然有許多解釋不通之處。

　　哥白尼去世之後的 17 世紀，科學家對天體運動的描述有 3 種模型：托勒密的「地心說」、哥白尼的「日心說」、第谷的「地緣日心說」。

　　第谷·布拉赫 (Tycho Brahe) 是丹麥天文學家，並不是哥白尼的支持者，但他對日心說的完善有舉足輕重的地位。

　　第谷出身於貴族家庭，在哥本哈根大學學習，14 歲時被一次日食觀察深深感動，激勵他對天文學投入極大熱情。他發現托勒密地心說理論描述的行星運動數據有很大的誤差，但對哥白尼的日心說也不滿意。1577 年，第谷透過觀測丹麥上空一顆巨大的彗星，認為彗星的軌道不可能是完美圓周形，必然是被拉得長長的。這是對亞里斯多德的天空完美無缺論的沉重打擊。

1583 年第谷出版了《論彗星》一書，提出一種介於地心說與日心說之間的理論，被稱為第谷行星模型或地緣日心說。第谷認為，地球作為靜止的中心，太陽圍繞地球作圓周運動，而除地球之外的其他行星則圍繞太陽作圓周運動（圖 2-3-1）。

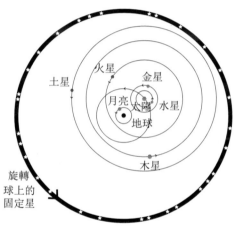

圖 2-3-1　第谷行星模型

　　第谷的宇宙模型企圖將托勒密體系和哥白尼體系結合到一起，認為太陽、月亮和恆星就像地心說描述的那樣圍繞靜止地球旋轉，而行星就像日心說描述的那樣圍繞太陽旋轉。

　　第谷對科學革命最大的貢獻，並非他的行星系統，而是他對星體進行詳細而準確的觀測。這些觀測資料為他最著名的助手、德國天文學家約翰尼斯·克卜勒（Johannes Kepler）後來的研究提供了大量最基本的觀測數據。要知道，那還是用肉眼觀察天體的時代，第谷得到這些寶貴數據是相當不容易的。

　　第谷重視觀測實踐，決定要建立更多更大的天文觀測儀器，做出更為準確的測量。1572 年，第谷在某天文臺觀測到仙后座的超新星爆發，更促使他將畢生的精力用於研究天文學。同時，第谷也從事占星術、醫學和煉金術等。1576 年，第谷在丹麥國王的支持下終於如願以償，在丹麥的文島上建立了他的第一座天文臺。雖然那時沒有望遠鏡，但仍然需要製造一些供天文觀測用的儀器。例如，當年第谷在文島（Hven）上用來對天體進行精確定位的儀器，定位誤差只有 1/15°。

　　克卜勒比第谷要晚出生 25 年，儘管有一些通信往來，但實際上克卜勒真正作為第谷的助手，只是在第谷逝世前很短一段時間。克卜勒從求學時代開始就是哥白尼學說的捍衛者，但因童年患過天花而使他視力衰弱，雙手殘廢，限制了他天文觀察的能力。不過，克卜勒突出的數學天賦最終成就了他。

　　克卜勒曾經多次嘗試說服第谷接受日心說但均未成功，第谷堅信他自己的模型，甚至在臨死前還希望克卜勒在繼續完成魯道夫星表時，要採用他的行星系統，不要用哥白尼的。

　　從 1600 年 1 月，克卜勒啟程到布拉格見第谷，直到 1601 年 10 月，第谷在布拉格出席宴會後突然患腎臟病並於 11 天後去世，總共還不到兩年。也正因為第谷出人意料的突然逝世，克卜勒立刻被委任為第谷的繼任者，完成第谷未完成的工作。作為神聖羅馬帝國皇帝魯道夫二世的占星學方面的顧問和皇家

數學家，克卜勒可以擁有和使用原來第谷獲得的整體資料——所有的行星觀測數據，克卜勒如獲至寶，因此，接下去的 11 年是克卜勒一生中最為多產的時間。大約在 1605 年，克卜勒就認識到行星運動的軌跡不是圓而是橢圓，太陽位於橢圓的一個焦點上，從而進一步對哥白尼系統進行改造，發現了之後被稱為「克卜勒定律」的行星三大定律，說明了行星圍繞太陽旋轉的理論。但因為克卜勒使用的是第谷的觀察數據，繼承人能否有權將其公開發表讓別人使用呢？因這些問題而產生的法律糾紛，使得三大定律延遲到 1609 年（第一、二定律）和 1618 年（第三定律）才分別得以發表。這三大定律使克卜勒成為 17 世紀科學革命的關鍵人物，並對後來的艾薩克·牛頓影響極大，啟發牛頓發現萬有引力定律。

根據克卜勒定律，行星軌道是橢圓。將這點因素加進哥白尼體系的計算中，才使得日心說在實用效果上澈底戰勝了地心說。

支持哥白尼理論的另一個重要人物是義大利物理學家伽利略·伽利萊（Galileo Galilei）。史蒂芬·霍金（Stephen Hawking）認為，伽利略對現代科學誕生的貢獻「比其他人都多」，愛因斯坦則稱伽利略為「現代科學之父」。

克卜勒於 59 歲時就去世了，留下他自創的墓誌銘：「我曾測天高，今欲量地深。」、「靈魂來自天際，肉體長眠大地。」

伽利略活到 78 歲，與克卜勒是同時代的人物。

　　1597 年，克卜勒寄給伽利略他的著作《宇宙的奧祕》
（*Mysterium Cosmographicum*），伽利略收到後寫信給克卜勒，說
自己也信奉哥白尼學說，但暫時不想公開。克卜勒回信呼籲伽
利略支持哥白尼：「伽利略啊，站出來！」伽利略不是呆瓜，他
在等待合適的時機才「站出來」。

　　哥白尼和克卜勒的理論，需要更多天文觀測事實的證實。
第谷是最優秀的使用肉眼的天文觀測家，可惜在 55 歲時就逝世
了。不過這時，技術的發展幫了科學的大忙：荷蘭人發明了望
遠鏡，一名眼鏡製造商漢斯·李普西（Hans Lipps）在 1608 年
提交了望遠鏡的專利。次年，伽利略一聽到這個消息，立刻想
到了可以將此技術用於天文觀測，並在一個月內將望遠鏡加以
改良，做出了能放大 8 ～ 9 倍的望遠鏡，用來觀測天體。幾個
月之後，伽利略又將望遠鏡進一步改良到能放大 20 倍之多，同
時也為自己帶來了一份額外的收入和終身教授的職位。

　　當克卜勒忙於處理第谷的數據遨遊於行星運動的數學世界
之時，伽利略正對著天空興致勃勃地擺玩他的望遠鏡。伽利略
將他的寶物對準月亮，首次發現了月面的凹凸不平；對準銀河，
發現它原來是由數目眾多的恆星組成；對準行星，看見它們都
是如同月亮一樣的圓球，而恆星呢，看不出形狀，只是一些閃
爍的光點。伽利略用望遠鏡仔細觀測各個天體，對金星和木星
的衛星進行了準確的觀測，確認了金星的盈虧，發現了木星最

大的 4 個衛星，即如今以他姓名命名的伽利略衛星。此外，伽利略還創造了一種研究太陽表面的巧妙方法：他將用望遠鏡觀測到的太陽圖像投影到螢幕上來仔細分析，並用此方法發現了太陽黑子。

伽利略的望遠鏡使人類探索天空的眼界大開。他親自用觀測結果證明了地球和其他行星都在繞著太陽轉，地球不是宇宙的中心。例如，他發現木星有 4 個衛星，仔細觀測這些衛星的運動發現它們是繞著木星轉，而不是像地心說宣稱的「所有天體都必須圍繞地球轉」。伽利略在 1610 年 3 月出版的《星際信使》（*Sidereus Nuncius*）一書中對此進行了詳細的介紹。

克卜勒得到伽利略的《星際信使》後，也寄給他自己的嘔心之作《新天文學》（*Astronomia nova*）。也許因為當時的伽利略太熱衷於他的天文觀測了，克卜勒寄了書後，卻沒有得到伽利略的任何資訊反饋，這令克卜勒十分失望，因為書中包括了克卜勒提出的有關行星運動之物理定律的內容。不過實際上，克卜勒定律在剛發表時，不僅僅是被伽利略忽略，也並沒有立即得到其他學者的認可。那時的學術界或教會，多認為天文學與占星術有關，反對天文學家研究天體運動的物理規律。因此有科學史學者認為，克卜勒是第一個天體物理學家，也是最後一個科學占星家。

但伽利略是很重視研究物理規律的，這大概也是使克卜勒

失望的原因。當時的伽利略已經是如日中天的名人，他將他發現的木星的 4 顆衛星以科西莫大公家族的麥地奇（Medici）四兄弟命名（被後來的天文學家改名為伽利略衛星），以致敬他未來的贊助人。

　　伽利略的一系列努力是成功的，他得到科西莫大公提供的一份工作，從帕多瓦回到了教會勢力強大的佛羅倫斯。可能是因為有了聲望和浮名，伽利略有些忘乎所以，他不僅開始公開宣稱自己支持日心說，還兩次去羅馬，向人們宣揚日心說是真理，宣稱它與基督教的經文並不衝突。

　　也許僅僅信奉哥白尼學說還不算觸犯權威，把日心說當作占星的工具也不錯啊，只要能準確地預測就行。但是，如果如伽利略那樣鼓吹它是「真理」就非同小可了。因此，不久後伽利略就受到了教會的指控，被斥為異端，面臨教會的審判。壓力之下的伽利略只好表面承認自己的「過錯」，最後他遭遇了終身監禁。

4 牛頓之光

　　伽利略不僅改進了望遠鏡，透過理論分析與天文觀測支持日心說，並且也在地面上進行多項物理實驗，推翻了亞里斯多德想像的力學體系並建立了近代力學。

　　天體只能被動地被「觀測」，不能在人為的控制下進行更多的實驗。能夠人為控制的物理實驗最開始只能在地面上進行。可以說，人類一直都在不停地做各種「實驗」，農業生產、航海活動、工具製造、煉金煉丹……以至於普通的日常生活，都可算作是某種意義上的實驗。不過，我們這裡強調的是人們為某種目的而有意設計的實驗。有了被人為設計構想的、有目的的實驗，才能發現和驗證科學家們提出的有關大自然的假說，或者一般理論。

　　古代科學家就開始進行一些小型的實驗，如古代希臘人和中國人都記載過有關光線傳播、折射反射、針孔成像等實驗。

　　文藝復興時期的博學家及著名畫家達文西也做過不少實驗，他在解剖學、光學和流體力學方面都有過重要的探索。

　　大家都聽過阿基米德研究浮力的有趣故事。不難想像他一定是經常在浴缸中用不同物體「沉下去浮起來」反覆試驗，最終豁然開朗有所領悟時，才從澡盆裡一躍而起並大叫：「我知道了！我知道了！」此類傳說故事不一定完全真實，但這些科學

前輩們親自進行實驗，探索並發現大自然奧祕時的天真可愛的形象，在我們腦海中印象深刻、久久不忘。

伽利略是近代實驗科學的先驅者，也有幾個類似的故事。

伽利略喜歡去比薩大教堂，發現從高高的屋頂上懸垂於長繩末端的一盞長明燈。這盞燈輕輕一推便來回擺動，17 歲的伽利略對此產生了興趣，竟然用自己的脈搏當作計時器，觀察測量出了長明燈擺動的週期。

回到家裡後，伽利略仍然繼續他的「擺動週期」實驗，他使用不同長度的繩子，懸掛不同重量的物體，測量出各種情形下的週期，由此他總結出了單擺運動的物理規律！

流傳更廣的是伽利略在比薩斜塔上進行的「落體」實驗。據說經過考證，目前人們認為伽利略並沒有真正從斜塔上拋丟過大鐵球、小鐵球之類的物體。但無論如何，人們認為伽利略在較低的高度上，或者是在斜坡上研究過類似的問題，從而得出了落體的運動規律。

伽利略留給後世的著作中，有兩部是最重要的。一部是 1632 年出版的《關於托勒密與哥白尼兩大世界體系的對話》（*Dialogo sopra i due massimi systemi del mondo, tolemaico e copernicano*），作者假借三位上流人士在四天中對話的形式，解釋地心說和日心說，兩個機智的貴族沙格列陀和薩爾維阿蒂，是哥白尼體系的支持者，他們對話「逍遙派哲學家」辛普利邱，

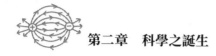

使後者最後無言以對。因為這部《對話》宣傳並支持了哥白尼學說，才給伽利略的晚年帶來了厄運；另一部是 1638 年出版的《關於兩門新科學的對話》（*Discorsi e Dimostrazioni Matematiche, intorno a due nuove scienze*），是伽利略被軟禁時期的產物。所謂「兩門新科學」，指的是材料強度和運動學。該書同樣假借三人、四天對話的形式，奠定了運動學的基礎，被視為近代物理學的基石之一。書中包含對拋射問題的詳細研究；定義了等速運動和等加速度運動；落體以同樣的規律下落，無論重物輕物，下落時都作等加速度運動；書中還有精確測量落體加速度的結果、單擺的規律、對音樂和聲音的解釋等。

伽利略之後，荷蘭物理學家克里斯蒂安·惠更斯（Christiaan Huyg(h)ens）繼續研究力學方面的問題。例如，惠更斯研究擺動，發現擺動週期（T）和單擺長度（l）之間的關係式（g 為重力加速度）：

$$T = 2\pi\sqrt{\frac{l}{g}}$$

並於 1656 年設計製造出了利用擺取代重力齒輪的擺鐘。

惠更斯還研究了完全彈性碰撞，證明了碰撞前後能量和動量的守恆。

在文藝復興的推動下，17 世紀的天文和物理，已經與托勒密時代的科學不可同日而語，除了對天體及地面物體運動學軌跡的研究之外，也有不少科學家研究大氣壓力。其中包

括以發明氣壓計而聞名的義大利物理學埃萬傑利斯塔·托里切利 (Evangelista Torricelli)，發明機率論的法國科學家帕斯卡 (Blaise Pascal)，以及英國的羅伯特·波以耳 (Robert Boyle) 等。

總結而言，那時候已經發現了許多獨立的、貌似互不相關的物理定律。例如，伽利略發現了慣性原理，認為不受外力作用的物體將保持靜止或作等速直線運動；伽利略還用實驗證實了自由落體所遵循的規律；克卜勒提出了行星運動三定律；惠更斯和虎克 (Robert Hooke)，當時在力學、光學等多個領域也都有所建樹。

那麼，這些零零落落的孤立定律之間，是否有著深刻的內在聯繫呢？能否將這些分散的「支流」彙總整合在一起，成為更普適、更統一的理論？

伽利略去世那年的聖誕節，艾薩克·牛頓在英國出生。「聖誕節」之說是按照傳統儒略曆來計算的，牛頓的出生日 1 月 4 日正好是儒略曆中前一年的 12 月 25 日。牛頓是個遺腹子，他的父親在他出生前 3 個月去世。牛頓又是個早產兒，出生時十分瘦小。少年時代的牛頓，雖然算是學業優秀，但也似乎並未表現出現代人眼中的「天才」或「神童」的特質。然而，誰也沒有預料到，這個「出生時小得可以裝進一夸脫的馬克杯」的早產兒，後來居然會成為科學界的一代巨匠。

牛頓的性格可能稍微有些古怪。他終生未娶，活到 84 歲高齡去世，據說從未與任何女子有過親密關係。

牛頓與同時代科學家之間，曾發生過多次遭人詬病的糾葛：與虎克爭「平方反比率」的所有權，與萊布尼茲爭「微積分」的發明權。其中的是非曲直，只能見仁見智了。

對待競爭對手，牛頓固然有其世故狡猾之處，但對科學探索，他不失其天真好奇追求真理的一面，他雙腳踩在前輩們（包括從泰利斯到伽利略）建立的「自然哲學」的肩膀上，雙手卻為世人捧出了物理、天文、數學緊密結合的現代科學雛形。他貢獻給人類的成就，既有光學方面有關顏色本質研究的若干關鍵實驗，又有綜合統一了古典力學理論的宏偉大廈，數學上他還創造了對近代科學至關重要的微積分。上面所述的每一項拿出來，都是如今的所謂「諾貝爾級成果」。

牛頓在 1687 年 7 月 5 日發表了《自然哲學的數學原理》（簡稱《原理》），其中提出的運動定律以及萬有引力定律，是古典力學的基石。

牛頓將伽利略的慣性原理總結成牛頓第一定律，首先定義了不受外力作用的慣性參考系；然後，再將「慣性」的概念推廣到外力不為零的情形，提出非零的力將使物體產生非零加速度，這個加速度與外力成正比，與物體內在的慣性質量成反比。因此，牛頓第二定律將力、加速度、慣性質量三者之間的

關係，總結統一在一個簡單的數學公式（F=ma）中，邁出了將運動學發展為動力學的關鍵性一步，建立了物體在力的作用下的運動規律。接著，牛頓又在第三定律中，提出任何力都是成雙成對出現的，這兩個力總是大小相等、方向相反，稱之為「作用與反作用」。

與那些「孤立」定律不同的是，牛頓三大定律所描述的是「所有」物體在力的作用下的運動規律。這裡的物體，可以是地面上的沙粒，也可以是宇宙中的天體。牛頓用鋒利的奧卡姆剃刀（編按：Ockham's Razor，意為簡約法則），將物體的大小、形狀、質地、軟硬之類不重要的具體性質通通砍去，只留下一個質量 m。因此，所有的物體都變成了一個質點，它們在力的作用下，都符合約樣的運動規律。

蘋果下落打到牛頓頭上而激發他的靈感發現了萬有引力，是人們耳熟能詳、津津樂道的故事。

據說 1666 年，24 歲的牛頓離開劍橋大學，回到了林肯郡的母親身邊。當他在一座花園中沉思散步時，看見掉在地面的蘋果，突然想到：地球的重力既然能使蘋果下落，不會僅僅局限於從樹上到地上這點短短的距離吧，如果將這個力延伸到更遠的地方，像月亮那麼遠那麼高的地方，情況會如何呢？也許這個力可以讓蘋果如同月亮一樣保持在某個軌道上？

這個靈光一現的念頭一直縈繞於心，直到後來牛頓完成了

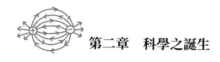

力學三大定律，才再次回到蘋果或月亮引力的研究。為了解決上述問題，牛頓開始計算。計算的目的是要比較兩個加速度，一個是月亮在繞地軌道上運動的「向心加速度」g_1。另一個是蘋果被地球吸引而下落的「重力加速度」，但不是在地面的，而是蘋果升到月亮那麼高的時候地球吸引它產生的重力加速度 g_2。

先計算第一個：首先須知月亮有多高？那時候人們已經可以根據天文觀測猜想出來，月地距離大約是 60 個地球半徑。此外，牛頓還知道，月球繞地球轉動的週期是 27.3 天。根據這些數據，牛頓算出了月亮的速度，然後再算出了向心加速度 g_1。

再算第二個：根據「重力加速度與物體到地心距離的平方成反比」的假設，重力加速度 g_2 大約等於地面上重力加速度的 $1/60^2$。

將這兩個數值一比較，牛頓發現，以上方法算出來的 g_1 和 g_2 結果很接近，這使他興奮異常，因為加速度是力產生的，兩個加速度數值接近說明：地球吸引蘋果下落的力，與太陽牽引月亮繞其旋轉的力，很可能是同一種力！

這個假設現在看起來不算很厲害，但當年不能不承認是一個天才的思想。起碼，牛頓之前的偉人也不少，伽利略、笛卡兒、惠更斯等人，沒有一個人往這個方向猜想。

牛頓繼而將其想法推廣到世間萬物，建立了萬有引力定律。換言之，不僅僅是月亮和地球、行星和太陽、地球和蘋果

之間，即使是蘋果與蘋果之間、蘋果和人之間，也就是說任何兩個有質量的物體之間，都有萬有引力！萬物相互吸引，其引力大小正比於兩者質量之乘積，反比於兩者之間距離的平方。

牛頓的古典力學理論，解釋了天文觀測到的數據：歲差、近日點進動、彗星軌跡、衛星運動、潮汐漲落等，也解釋了地面上發生的各種現象：蘋果下落、砲彈軌跡、反衝力等，各種疑惑迎刃而解，牛頓也因此而名聲大噪。

當然，任何新理論的出現都會受到抵制，牛頓的理論也並不是一出來就一帆風順得到所有人認可和歡呼的。例如，牛頓萬有引力定律就遭到法國的笛卡兒和德國的萊布尼茲的反對。他們認為，在幾百萬英里的空間中起作用的吸引力的規律，是自然界的神祕元素，只能給予理性解釋，不能隨意假設。

從牛頓開始，物理學家們有了尋求自然界「統一」規律的想法。牛頓有過如此一段名言：「將簡單的事情考慮複雜，可以發現新領域，把複雜的現象看得簡單，可以發現新規律。」牛頓總結建立力學三大定律及萬有引力定律是物理學邁向統一的第一步。

不可否認，牛頓在物理理論的統一路上，有推波助瀾的作用力，也有逆向而行的反作用。如牛頓曾經用微粒說來「統一」光學理論，打壓主張波動說的虎克和惠更斯等。後來，牛頓發表了《光學》（Opticks）一書，由於牛頓的權威，這個光微粒的概念統治物理界 100 多年，直到後來菲涅爾（Augustin-Jean

Fresnel）的工作，光的波動說才重見天日。根據現在的物理學觀點，光既有微粒性，也有波動性，它們是光學理論不可或缺的兩個方面。

牛頓晚年的思想令人看不透，他將研究目標轉向神學，理性思維代之以對上帝的膜拜，對煉金術的尋求取代了少年時代痴迷的科學實驗。但無論如何，牛頓給人類帶來了光明，照亮了近代科學的發展之路，正如牛頓的墓誌銘所寫：

自然規律藏，天下夜迷茫。上帝降牛頓，人間發亮光。

（Nature and nature's laws lay hid in night.God said "Let Newton be" and all was light.）

5　愛因斯坦的革命

牛頓之後，近代物理又經歷了幾次革命，邁上物理理論的統一路。這是馬克士威、愛因斯坦、法拉第、普朗克、波耳及許多現代物理學家的功勞。

法拉第和馬克士威

英國物理學家法拉第（Michael Faraday）是一位令人可敬的謙謙君子。法拉第和牛頓的身世有相似之處，他們都出身貧寒。牛頓被舅父發現他的科學興趣和才能，得以上了大學；法

拉第則沒有受到正式教育，完全靠自學成才。據說法拉第的數學僅限於簡單的代數，連三角都不熟悉。

但法拉第是一位傑出的實驗物理學家，特別是在研究電磁現象方面。此外，他對電磁理論問題的思考方式也獨樹一幟。牛頓古典力學中的「力」，是一種超距作用，地球吸引月亮，遙隔幾十萬公里，這個作用力是如何傳遞過去的？其中的空間發揮著什麼作用？沒有人在乎這個問題。而法拉第在研究電場和磁場時使用了不同的構思。他在電荷和磁鐵周圍的紙上，畫上了密密麻麻的電力線和磁力線，並且加以充分的想像將它們延續擴展到全空間。他認為這些力線是真實存在的，就像能夠伸縮、具有彈性的橡皮筋一樣，把兩個互相作用的電荷聯繫在一起。現在看起來，法拉第的力線思想實際上就是現代物理中「場」的概念，他是最早認識到相互作用應該透過「場」來實現的物理學家。

法拉第雖然學歷不高，沒有數學基礎，但他是幸運的，上帝派來了另一位科學大師 —— 馬克士威與他相互補充，互取所長，因而才成功地建立了古典電磁理論，這是當今文明社會技術發展的基石！

馬克士威出身貴族，從小受到良好的教育，擅長數學。當40 歲的法拉第已經做了一大堆電磁實驗，提出了著名的電磁感應定理之時，馬克士威才在蘇格蘭首府愛丁堡呱呱落地。30 年之後，年輕的馬克士威和老邁的法拉第結成了忘年之交。

　　馬克士威和法拉第，他們的友誼及合作本身就是一種奇妙的「統一」：他們的年齡相差 40 歲，一老一少，兩人有完全不同的人生經歷。法拉第出自寒門，是自學成才的實驗高手；馬克士威身為貴族，是不懂實驗的數學天才。然而他們互相欽佩彼此的才能，共同打造出了完全不同於牛頓力學的古典電磁理論的宏偉體系。

　　馬克士威成功地將電學磁學中的庫侖、法拉第、安培等定律，歸納總結為馬克士威微分方程式。這些方程式統一了光、電、磁現象的規律，馬克士威用 4 個形式對稱的微分方程式描述了電場和磁場的性質以及它們之間的關係。

　　古典電磁理論最令人興奮的成果，就是預言了電磁波的存在。遺憾的是，當時的法拉第已經太老了，無法用實驗證實電磁波的存在，馬克士威預言電磁波的兩年之後，法拉第就去世了。馬克士威自己呢，也只活了 48 歲，沒有能等到 1887 年電磁波被赫茲的實驗所證實。如今，馬克士威方程式建立了近 150 年，電磁波漫天飛舞，攜帶著人類數不清的資訊，讓這個世界熱鬧非凡。

時間空間成一統

　　19 世紀末，牛頓力學和馬克士威電磁理論，兩座大廈一統天下、高聳入雲。人們樂滋滋地以為物理學家們從此再無大事可幹，只需要對兩種理論修修補補即可。沒想到上帝並沒有閒

著，他在暗地裡進行著下一步的工作。當人類邁入 19 世紀之末，基礎物理學晴朗的天空上逐漸積累起烏雲兩朵。不過這時候，愛因斯坦已經來到人間，正在接受教育，準備挑戰前輩建立的古典基礎物理學。

兩朵小烏雲各有來頭，都是來自於實驗物理學家的功勞，都與「光」有關。第一朵烏雲來自於「邁克生－莫雷實驗」（Michelson-Morley Experiment），與光的波動理論中「乙太」說有關；第二朵烏雲來自於黑體輻射實驗結果中的「紫外災變」（ultraviolet catastrophe），與光的輻射性質有關。

愛因斯坦生逢其時，又有兩位難得的數學界朋友幫助他，天時地利人和，造就了一代偉人。兩位數學家，一位是他的老師閔可夫斯基（Hermann Minkowski），一位是他的同學格羅斯曼（Grossmann Marcell）。閔可夫斯基將愛因斯坦的狹義相對論置於一個統一的「四維時空」中，格羅斯曼則將黎曼幾何介紹給愛因斯坦，使他用這個強大的數學工具，順利地建立了彎曲時空的廣義相對論。

有關黑體輻射的第二朵烏雲，首先被德國物理學家普朗克（Max Planck）撥動。之後，愛因斯坦用光量子的概念，成功地解釋了光電效應，量子理論由此誕生。

現代物理中的相對論革命和量子革命，都與愛因斯坦的開創性工作有關，因此稱它們為「愛因斯坦的革命」不為過。不過，兩個相對論幾乎全靠愛因斯坦建立，量子力學卻是好幾代科

學家努力的結晶。直到現在，物理學家們也還在孜孜不倦地探求量子理論的本質，其中包括量子論本身的完善與詮釋，以及物理學乃至整個自然科學更為整體的大統一理論。這些超出本書的範圍，在此不表，感興趣的讀者可閱讀相應的參考文獻 01。

　　愛因斯坦已經逝世 60 多年了，物理學將向何方發展？並且，科學不僅僅是物理，還有生物、化學等。如今，物理學似乎已經不是科學的領頭羊，電腦科學、人工智慧研究等近年來異軍突起、風潮不減。那麼，作為科學整體，將會向何方發展？我們還需拭目以待。

6　賽先生到中國

　　中世紀、文藝復興、科學誕生……到 20 世紀初，亞洲人在做些什麼呢？

　　還是以中國為例：秦朝之前的古中國，是封建制度，封建的原意是「封土建國」，由天子或君王將領地分封給諸侯。秦始皇統一中國後，轉向了中央集權的「郡縣制」。但無論是封建制還是郡縣制，中國這個經過了幾千年儒家思想統治的「中央大國」，本土的科學沒有多少發展進步，對外又是額外的閉塞。

　　也能夠列出幾位古代中國科學家的名字：北宋科學家沈括、

01　張天蓉‧走近量子糾纏系列之三：量子糾纏態 [J]‧物理，2014(9)：627-630.

元朝天文學家郭守敬、明朝醫學家李時珍等。特別是北宋的沈括，在天文、數學、醫藥、生物、物理學，都有卓越的成就，著作甚豐。沈括的《夢溪筆談》是中國科學史上的一個里程碑。並且，沈括生活的年代正是中世紀，如果將他的科學研究成果及時介紹於世，本來也許可以照亮一部分「黑暗的歐洲」，但基於幾千年閉關自守的國情，傑出的中國科學家對科學的誕生卻沒有貢獻的機會。

中國歷史上各個朝代的政府，也有一些所謂「外交」，但只是以對周邊鄰近國家「朝貢制度」為主的外交，歷代皇帝很少考慮要向別的國家和民族學點什麼，只是等著別的小國來朝拜和進貢。

到了 16 世紀以後，朝貢思想稍微減弱，明、清王朝開始意識到逐漸強大的西方世界對中國的威脅。不過，他們不追究西方強大的原因，而是進一步採取「閉關自守」的方式來保護自己，幻想和等待再來一次「萬國來朝」的盛世。

不過，隨著西方文藝復興、科學誕生、工業革命，哥倫布發現新大陸，以及基督教的迅速發展等，世界大局有根本的轉變，許多傳教士及商人陸續來到中國，他們在傳教和做貿易的同時，也帶來了西方的文化和科學。

1582 年，明朝萬曆年間，一位藍眼睛、高鼻梁和捲鬍鬚的義大利人，從地中海那邊，透過澳門到中國。這是傳教士利瑪竇，是首位將近代西方科技與藝術成就介紹到中國的歐洲人。

利瑪竇在中國整整生活了 28 年，他先後在廣東肇慶、韶州、南昌、南京等地居住並建立了教堂。最後，為了更方便在中國傳播天主教，利瑪竇來到皇帝居住的城市 —— 北京，並在那裡居住了 10 年左右，直到 58 歲病逝。

利瑪竇是天主教的神父，在中國生活居住的目的是傳教，但比之大多數傳教士來說，他有過人的聰明之處，也使得他的傳教事業大獲成功。利瑪竇到北京 4 ～ 5 年後，北京已有約 200 人信奉天主教，包括數名公卿大臣。

利瑪竇有兩個特點。一是他尊重中國的儒家文化，他講漢語、穿儒服，以儒者自稱。生活習俗也儒化：穿著絲質長袍、蓄著長長的鬍鬚、像中國士大夫們一樣乘轎子、僱傭僕人、給官員們贈送厚禮等。他不斷學習中國文化，記憶力超強，在宣教的時候經常引用儒家經典和孔孟之道來論證基督教的教義；二是他在傳教的同時，也讓當時的中國人見識了西方進步的科學文化。他不但帶來了《聖經》，也帶來西方的科學著作，如歐幾里得的《幾何原本》。他不僅在各地修建教堂，也帶來西方世界的許多科技產品，如：自鳴鐘、西洋琴、放大鏡、望遠鏡、地球儀、天球儀等，獻給皇帝及大臣。他帶來了古鋼琴，教太監們彈奏配上中文歌詞的鋼琴曲，他還指導中國畫師利用西方油畫手法畫油畫。憑藉他從西方帶來的這些科學知識和現代機械，加上睿智而文雅的談吐，利瑪竇很受明朝士大夫的歡迎。

今人談及近代西方學術思想向中國傳播的歷史過程時，經常使用一個詞彙，叫做「西學東漸」。現代的西方科學及文化傳到中國的過程，分成了兩個時間段：明末清初和晚清民國。而利瑪竇可算是第一次「西學東漸」時間段中的第一人。

西學東漸帶動了中西科技文化的交流。利瑪竇經常和明朝士大夫們一起坐而論道，其中有喜歡天文、地理的，利瑪竇便教他們繪製地圖，向他們演示儀器。利瑪竇也用漢語寫書，介紹西方自然科學成果和思維方式，例如，他和進士出身的翰林徐光啟一起翻譯歐幾里得的《幾何原本》，引進了西方自古希臘而來的邏輯思維和用「公理」、「定律」確切證明命題的數學方式，這對中國人學習西方科學起了決定性的作用。

明末清初的第一次西學東漸，主要是以利瑪竇為代表的西方傳教士，在傳播天主教教義的同時，也大量傳入西方的科學技術。此時的西學傳入，主要以傳教士和一些中國人對西方科學著作的翻譯為主。影響的範圍基本上只是如徐光啟、李之藻、楊廷筠這些士大夫階層的人物。當時，廣泛的新式教育尚未興起，1623 年左右，有位名叫艾儒略的教士，曾經撰書介紹歐洲國家的學校制度，但未受重視，沒有什麼影響。

到了清朝，早年的康熙皇帝對西方科技有著強烈的求知慾，先後向南懷仁等多名傳教士學習過天文學、幾何學、物理學、化學、解剖學等。他以一國帝王之尊，為群臣做榜樣，使

國人對傳教士產生好感，大大促進了「西學」的傳入。但到了雍正和乾隆時代就大不一樣了，例如，乾隆帝對新奇的歐洲藝術頗有興趣，也曾將西洋宮廷建築與園林藝術引入中國，但他並不在乎西方的科學知識。這使得雍正以後，第一波西學東漸的浪潮迅速衰落。正如梁啟超所說：「中國學界接近歐化的機會從此錯過，一擱便擱了二百年」。

　　兩次鴉片戰爭戰敗，刺激大清朝開始推行洋務運動以自強，也促使西方的科學技術再一次傳入中國。因此，鴉片戰爭直到五四運動前後，西方人再度進入中國，算是第二次西學東漸。第一次西學東漸的範圍小，基本上只在宮廷及士大夫階層有影響。實際上，就西方人而言，兩次西學東漸的目的基本上都是宣揚和擴大基督教的影響，但與此同時也給封閉的中國帶來了西方的科學和文化。特別是在第二次的西學東漸浪潮中，許多西方人，尤其是教會，在全國各地創辦了許多西式學校。這些學校不僅僅宣揚基督教教旨，也開設西方的文化、藝術、科學方面的課程。還有不少西方人到中國開設醫院，將現代醫學知識和技術帶到中國。這些學校、醫院等機構，加上西方傳教士創辦的媒體等，成為中國人當時學習西方文化及科學的重要媒介。

　　西式學校的教育也逐漸喚醒了中國的一批有識之士，他們主張更積極全面地向西方學習，包括自然科學和社會科學，以避免國破家亡的命運。

許多西方科學著作被翻譯成中文,此外,甲午戰爭使更多人注意到日本人學習西方的成功經驗,有人便開始透過日文來學習西方。透過翻譯西方的數學、天文學、生物學、物理學、化學、醫學等方面的重要著作,將科學較為全面地傳入中國。再後來,僅僅靠翻譯,已經滿足不了人們向西方學習的熱忱,繼之便掀起了留學運動。

清末民初開始,因地緣之便,大量留學生到日本學習。後來,由於美國歸還部分庚子賠款作為留美的經費,使留美的留學生人數大為增加。之後又有人發起勤工儉學留學法國的運動。這些留學生直接接觸到西方的教育,他們學成回國後,對科學傳入中國有很大貢獻。

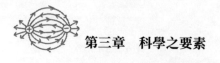

第三章　科學之要素

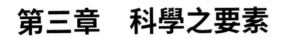

第三章　科學之要素

1　何謂科學？

科學的胚胎發源於古希臘，然後，孕育、傳播、遊走，直到最終誕生於歐洲這個事實，是人類的幸運，是我們這一代人的幸運。因為科學帶給了我們現代的高科技，帶給我們文明社會美好的生活。現在，我們開始探求一下與「科學」有關的一些概念。

科學很難被確切地定義。雖然我們曾經說過本書中的「科學」指的是現代自然科學，但這並非我們採用的科學之定義，也不是要將其他學科排除於科學之外，只不過意味著，當我們談到科學之誕生、進步、提高，以及科學之屬性、方法、特徵時，主要是從現代自然科學的發展過程歸納總結而來的。

如果你問：什麼是科學？每個受過一定程度教育的人好像都能回答這個問題，他們可以列舉一系列學科的名稱給你，也可能有人概括成一句話：「數理化天地生啊，這些都是科學。」不過，這是針對學校裡教授的幾門基礎課程（數學、物理、化學、天文、地理、生物）而言的，如今，人類的知識領域呈指數增長，到了幾乎要爆炸的地步，並且，每門學科細分又細分，學科之間聯合交叉，五花八門，種類繁多。如今的「科學」，除了研究自然現象之外，還有研究人文、社會、歷史等。除此之外，還有各個民族的傳統文化中的一些東西，也希望借助於

當今的科學成果，再一次發揚光大，都紛紛宣稱是科學。看起來，科學是個好東西，人人都想冠之以名。另外還有數不清的、獨立的、業餘的、民間的科學家，想當然地認為自己做的是「科學」。還有「偽科學」，那應該不算科學，不過，沒有人會承認自己研究的是偽科學。

如何才能判定一個知識範疇是否「科學」呢？最好是要能夠回答反過來的問題：科學是什麼？但這個問題就是要為科學下定義，解答起來就不那麼簡單了。

為什麼很難為科學下定義？提出準確定義的實質就是企圖尋找一個統一的科學分界標準，等同於在科學與非科學之間劃上了一條分界線。然而，這種界線也許實際上並不存在，也沒有必要如此強行地設定一個標準。科學與非科學之間即使存在分界線，也是一條模糊的、隨時間不停變化的界線，因為任何一門學科、一個知識體系都處在不斷的變化和發展中。之前介紹的自然科學的誕生過程就是一個典型的例子。基於同樣的理由，我們也很難確定現代自然科學到底是誕生於何年何月何日。

儘管很難為科學下定義，但現代自然科學是誕生最早，發展最為成熟的科學學科，這點是被大眾認可毫無疑問的。因此，我們可以從研究現代自然科學，來認識科學的本質和要素，明白科學和宗教、偽科學之區別，總結科學之目的、精神和方法、技術等在人類認知過程中的重要性，並且將其方法用

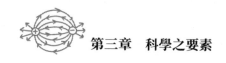
於其他學科和知識體系，使更多的學科使用科學方法，走上科學之路，為人類服務。

　　科學的英語單詞，來源於拉丁文的 scio，後來於 14 世紀中期，又演變為現在的寫法，其本意是「知識」、「學問」。中文的「科學」一詞，則是借鑑於日本著名科學啟蒙大師福澤諭吉對英文 science 的翻譯。

　　在中文的語義中，科學一詞既可用作名詞，表示反映客觀世界規律的學說理論，又能作為形容詞，表示為探索客觀規律為目的的方法。在科學的要素中，如果除去與其他知識體系的共同部分不談，唯「現代自然科學」所獨有的，筆者認為有 4 個不可或缺的主要特徵，即可質疑性（questionable）、量化（quantitative）、可被證偽性（falsifiable）及可證實性、普適性（universal）。後文將分別就此科學的四大要素予以說明。

2 疑之而究之 —— 質疑性

明朝學者陳獻章說:「學貴知疑,小疑則小進,大疑則大進。」

質疑為何重要?

質疑是科學的第一要素,它使科學有別於宗教和哲學。不質疑,就不成其為科學。

從歷史角度看,科學發展的源頭要追溯到古希臘時代,當時的人類對周圍環境的認識還十分有限,並不需要分清楚所謂「科學、宗教、哲學」三者之間的明顯界限。但因為哲學概念之艱澀不實用以及科學領域觀測證據之不足,當時的三者中宗教的勢力最為強大。正如之後 19 世紀的著名英國哲學家伯特蘭·羅素(Bertrand Russell)所評述的:科學訴之於理性,神學訴之於權威,哲學則介於兩者之間。羅素對哲學評價的意思是說:哲學如科學般地強調理性,但又如神學那樣反映了人類對不確切事物的思考。

宗教,比如基督教,將上帝和《聖經》作為最高權威,它不允許質疑,只能無條件接受。這與科學研究的方法是不相容的。當今社會的宗教和科學還算可以和平共處、互不干涉,但在幾千年的歷史長河中,兩者時不時地總要互相碰撞產生衝突,因為宗教總是企圖扮演自然的解釋者的角色,而它的解釋

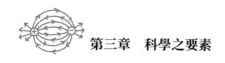

不是依靠質疑和實驗探索得到的，而是從上到下靠權威來維繫。

　　正因為在科學發展的早期三者界限不清楚，許多科學家同時也是哲學家和虔誠的教徒，他們除了孜孜不倦地進行科學探索之外，在思想和精神方面則往往遊走徘徊於三者之間。這方面不乏先例，最為典型的是幾位天文學家或物理學家：哥白尼、布魯諾、伽利略、克卜勒等。

　　哥白尼的日心說將宇宙的中心從地球移到了太陽，雖然如今看來，太陽也並非宇宙之中心，宇宙無中心。但這點小小的移動卻動搖了當時宗教神學的理論基礎。哥白尼深知其嚴重性，只能在生命的終點才發表了他的著作。之後，一位極富質疑反叛精神的義大利人布魯諾，將哥白尼的學說進一步推展，出版了與《聖經》解讀嚴重衝突的「無限宇宙論」，因而在 1600 年被判火刑，在羅馬被當眾燒死。儘管歷史學家們對布魯諾被判火刑的真實原因仍然有所爭論，但此案例仍被認為是一個科學質疑與宗教權威衝突的代表性歷史事件。

　　發現行星運動三大定律的克卜勒，則是一位非常虔誠的基督徒。雖然他在信仰上也曾經遭受逼迫，造成生活中的許多困境，但他始終對上帝堅信不疑，將宗教的論點寫進他的科學作品中，企圖以致力於科學活動來支持和詮釋他的神學信仰；伽利略雖然也是教徒，但有意思的是，他繼承了他父親對權威的懷疑態度，可以說從骨子裡就是一個質疑派。從小就喜歡打破

砂鍋問到底的伽利略，25 歲便被比薩大學聘為教授，他推崇實驗觀測和數學推理，在運動學和天文學方面作出過傑出的貢獻，促使了現代物理學的誕生，也進一步推動了科學從哲學與宗教中分離，這是人類思想的一大進步。由於伽利略對哥白尼學說的宣揚，他於 1632 年被教會拘捕，之後被判處終身監禁。

笛卡兒的質疑

時間流逝、大浪淘沙，科學無論如何是需要質疑的，否則就不可能有科學的進步。高舉質疑大旗的代表人物，是比剛才幾位科學家稍後的法國著名哲學家勒內·笛卡兒。

笛卡兒的家鄉圖賴訥地區拉艾（La Haye en Touraine），是一個美麗的花園小城，綠樹成蔭，瓜果飄香。笛卡兒的父親是當地議員，算貴族階層，母親在他 1 歲多時因肺結核去世，並將這個當時被列為不治之症的疾病傳染給了他。

體弱多病的笛卡兒活得也不長，他的死還頗具傳奇性。笛卡兒喜好獨自讀書與沉思，追求「安寧和平靜」的隱居生活。哲學家當然都愛思考，據說蘇格拉底喜歡在雪地裡沉思，而笛卡兒的大腦卻只在身體暖和時才能正常運作。因此，笛卡兒平生的習慣是喜歡「睡懶覺」，躲在溫暖的被窩裡思考數學和哲學問題。據說他的解析幾何座標概念之靈感就是在做了「三個奇怪的夢」之後得來的。可是很不幸，在笛卡兒晚年，被瑞典的克里斯

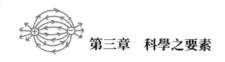

汀女王看中，要笛卡兒給她講哲學晨課。女王喜歡早起，可憐體弱的笛卡兒只好違背他多年的作息習慣，每天早上5點爬起來為女王上課，最終因無法適應北歐嚴酷多雪的冬天，於1650年患肺炎去世了！

　　笛卡兒研究數學和物理，發明解析幾何，被廣泛認為是西方現代哲學的奠基人。他認為一切感官獲取的知識都是可以懷疑的，唯有懷疑本身不可懷疑。或者可以解釋為：人的理性思維無可懷疑，是不同於感性經驗的唯一確定的存在，由此而留下了一句哲學名言「我思故我在」。

　　這句名言直譯的意思是「若我思，則我是」。如果將「是」理解為「存在」的話，此言意味著：存在是思考的必要條件，而思考是存在的充分條件。笛卡兒提倡「普遍懷疑」，「思」便意味懷疑。笛卡兒認為肉體的感官是相當不可靠的，必須依靠精神與思維。然而，因為周遭的事物無一不是由感官而知的，當然也令人懷疑它們是否真實。不過，有一個事實卻是千真萬確的，那就是「我懷疑，我存在」的這個事實，也就是說：我思故我在。

　　笛卡兒最重要的哲學著作有兩部，即《第一哲學沉思集》（*Meditationes de prima philosophia*）和《談談方法》（*Discours de la méthode*）。笛卡兒在前者中提出懷疑一切作為出發點，而在後者中則努力尋找一種原則上適用於所有科學問題的方法。

在兩部書中，笛卡兒試圖提出解決所有問題的基本原則。首先，要避免草率的判斷與偏見，絕不把任何沒有明確地認識其為真的當作真的來接受；其次，把每個難題分成若干細小的部分，逐一解決；再次，循序漸進，由簡到繁地解決複雜的問題；最後，審查和列舉所有可能性，避免遺漏。

笛卡兒本人聲稱他是虔誠的天主教徒，但他曾被指控宣揚祕密的自然神論和無神論信仰，與其同時代的科學家布萊茲·帕斯卡（Blaise Pascal）也指責笛卡兒「總想撇開上帝！」不過，笛卡兒懷疑一切，難道就沒有懷疑過上帝的存在嗎？應該是有所懷疑的，否則怎麼會在其《第一哲學沉思集》中用大量篇幅來證明上帝的存在呢？笛卡兒證明的思路可簡述如下：上帝是完滿的；完滿性包括存在性，否則就不完滿了；因此，完滿的上帝一定存在；證畢。筆者不懂這種哲學思辨式的形式證明，難以判定正確與否，但從笛卡兒的整體哲學思想，可以感覺到笛卡兒的上帝已經不是原來神學意義上存在的上帝，而是存在於我們思維中的一個完滿的觀念，即一個理性主義的上帝。那麼我們可以再推論下去，既然這個上帝只存在於我們的思維中，那麼是否可以說，對其相信與否只是某種個人的信仰。因此，笛卡兒證明了存在的那個上帝，與科學研究活動是無關的。

笛卡兒的「懷疑論」，從理論上肯定了「質疑」是科學研究中的基本精神。之後，隨著科學的迅速發展壯大，神學的地盤

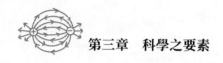

逐漸縮小，科學和宗教開始分道揚鑣，而哲學呢，仍然徘徊於兩者之間，有時候左碰右撞出一點火花，大多數時候與兩邊都相安無事，成為兩者間的橋梁。

如何質疑？

所謂「質疑」，不是全盤否定，但也不是初學者尚未明白就裡時想澄清的幾點「疑問」。它應該是質疑者經過一定思考後，指出的他認為理論中可能存在的某種錯誤。因為質疑者開始時僅從他自己的角度出發，固然不一定正確。

質疑科學中前人的結果和結論，意思是要以懷疑的眼光看待任何實驗事實和理論，做科學研究要帶著一個懷疑的頭腦，不可先入為主地相信書本和權威。「科學」並不等於「正確」，而是意味著可以質疑，這正是科學的精髓所在。正如中國著名學者胡適先生告誡我們的「做學問要在不疑處有疑，待人要在有疑處不疑」、「大膽假設，小心求證」。胡適這兩句名言的精關之處就是鼓勵質疑。

對任何科學研究成果都應該允許質疑，並且還應該鼓勵質疑，這樣才能促使科學家糾正錯誤，吸取教訓，促進科學的進一步發展。但是，要提倡用科學的態度來質疑科學成果。如果自己就是一名科學工作者的話，便應該盡可能以科學規範的方式，即發表研究論文與參加研討會等來表達觀點。質疑某一個

科學理論，應該是對事不對人的，千萬不能把科學質疑當成拉幫結派。即使對學術問題有相互不同的觀點，但仍然可以是朋友，科學之「道」不同，但仍可「相為謀」。

至於「質疑」的方法，也應該是科學的分析和論證，不應該是一句自己隨便下的「結論」。

質疑是理所當然的，但有時候很多細節我們並不清楚，尚需要進一步的研究和了解。過早下結論則不是一種科學的態度。像某些說法「接收到的肯定不是重力波」、「太玄所以不可能」、「小學生都知道相對論是錯的」、「西方的重力波不能自洽」、「一場鬧劇」、「相對論早就被人否定了」、「相對論錯得太離譜，相對論是不折不扣的偽科學，是偽科學家們拿來騙錢的工具」……這些邏輯混亂、不符合事實、令人不知其所云的話，可以休矣！

正因為質疑是科學的基本精神之一，許多學科都存在「主流派」和其他一些非主流的觀點，一般而言，主流派的觀點比較統一，但非主流派大多數各有一套，它們都是該科學理論的組成部分。既不可認為主流觀點就一定正確，也不可以認為非主流的才有質疑精神，而主流科學家們都是故步自封、墨守成規的保守派。實際上，只要是採用符合正常學術規範的方式，各方的觀點均應被認為是科學的，各派的理論在不斷的切磋磨礪及實驗事實的檢驗中成長，摒棄錯誤改良模型，方能促進科學的不斷發展。

　　質疑科學理論，本質上也就是不斷地在腦海中首先向自己提出問題和解決問題。質疑的精髓並非隨意向別人提問，而首先是表現為獨立思考的能力和不斷自我解決疑問的執著精神。因此，質疑他人科學成果的同時，也要質疑自己。懷疑一切，也包括「懷疑」自己原來所下的結論。要善於改正錯誤，接受反對者的觀點，這才是科學的態度。真理需要艱苦的學術研究來證實，不需要以四處發文、寄郵件擴大影響來爭「輸贏」。我們每個人都要準備好根據科學探測中的新發現來修正更新自己的觀點和立場，這不是見風轉舵，也不是人云亦云，而是反映了一個人的科學素養。

　　一般民眾可不可以質疑科學成果呢？當然可以。但現在科學分類太細，「聞道有先後，術業有專攻」，不要說非專業人士，即使是某個領域的專家也不可能對那個領域的所有知識全懂。況且，如今的科學技術與希臘時代或牛頓時代，都不可同日而語，理論需要高深的數學，實驗需要精密的儀器。因此，外行質疑內行是不容易的。首先需要了解學習一些那個領域的基本概念，才能做出中肯的判斷和有份量的質疑。質疑沒錯，但是科學界主流認可某個理論，一定有他們的道理，質疑之人首先不要抱著排斥的心理，要先理解，再懷疑。

　　真正要質疑，僅僅靠讀點科普讀物是不夠的。比如說，透過完全沒有數學描述的科普書（例如霍金的《時間簡史》之類）

學來的東西，不可能使你達到足以質疑廣義相對論和現代物理宇宙學的程度。如今研究理論物理缺少不了數學，質疑者也需略知一二。但現在犯此類錯誤的質疑者卻不少，了解一點皮毛就想著推翻原有理論，或者是沒有嚴格的論證，僅僅憑直覺和他們認定的邏輯就下一句空洞的結論。不過話說回來，這種自己隨便下的「結論」，並不能算是真正的質疑。

實例

質疑促進科學的進步，此類實例不勝枚舉。物理學和生物學中的多次革命都是質疑舊理論，提出、建立並證實新理論的過程。例如，組成世界的本源是什麼？這個問題從古希臘一直問到現在。答案曾經是水、火、數、氣、實心球、葡萄乾蛋糕、行星模型、原子、基本粒子、夸克……每一個模型都是質疑的結果。並且，這個問題還會一直質疑、一直探究下去。

再如，牛頓質疑克卜勒定律，探討其內在原因是否與地面重力一致，並由此而發現了萬有引力定律，建立了古典力學；伽利略質疑落體運動規律並親自做實驗，提出相對性原理；愛因斯坦質疑古典物理，建立了狹義相對論和廣義相對論；愛因斯坦也和普朗克、波耳等質疑古典理論，開創量子力學。

法國著名化學家拉瓦節（Antoine-Laurent de Lavoisier），質疑前人的「燃素說」（phlogiston theory），認為它存在著許

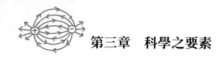

多破綻。他想，如果金屬在鍛燒中逸出了燃素，那為什麼質量反倒增加而不是減少呢？拉瓦節不僅質疑，還用嚴格的實驗來支持和驗證他的質疑。就是剛才所說有關物質燃燒前後的質量變化的問題，他就用各種不同的物質和容器進行了多次實驗：仔細地秤量用火加熱前後的物質和容器的質量。後來，拉瓦節得出結論：在沒有密封的燃燒中，大多數情況下，質量有所增加，是因為空氣中的「氧氣」參與了反應，使得物質燃燒前後質量不一。這樣，拉瓦節推翻了燃素說，使化學以一種嶄新的面目蓬勃發展起來。

拉瓦節使化學從定性轉為定量，提出了氧與氫的命名，並且預測了矽的存在，提出了「元素」的定義，這位歷史上最偉大的化學家之一，不幸在法國大革命中被送上斷頭臺而死。

3　科學需要量化

除了可質疑之外，科學的第二要素是量化。其實說白了，所謂科學的量化實質上就是科學之數學化。那麼首先，數學本身算不算科學呢？一般不認為數學是科學，或許可以算是一種「形式科學」，但不是我們本書中論及的「現代自然科學」，因為數學建立在公理和邏輯的基礎上，而現代自然科學是建立在「證實證偽」的基礎上。

不管數學是不是科學，它與科學的關係是密不可分的。人類的數學知識遠遠早於其他科學知識。人類在原始時代，已經能在物品交易中做簡單的加減法，西元前 2000 年左右的巴比倫人，已經會估算圓周率為 3.125。西元 480 年，中國的祖沖之用幾何方法將圓周率計算到小數點後 7 位。

純數學後來向抽象化和自身的邏輯推理發展，但如果追根溯源，早期的數學仍然是開始於人類對周圍現實世界的研究。數學觀察研究的是有關客觀世界中物體之「數與形」的知識。因此，我們這裡討論的科學要素之一「量化」，也是一種廣義的量化，除了「數量化」之外，也包括幾何化和形式邏輯化。

數學與科學

數學產生於西元前 3000 年左右，在埃及、巴比倫、中國等古文明發源之地，都有早期數學知識的記載。而所謂其他的自然科學，比如物理、天文方面的知識探索，應該是從西元前 1000 年之後開始，也就是從現在學界公認的標誌著現代科學誕生的古希臘時代。

為什麼人類對科學認識的記載遠遠晚於對數學知識的記載呢？因為早期的數學在本質上更像是一種「語言」。語言，廣義而言，是用於溝通的方式。在人類知識發展的歷史中，首先被創造出來的是（地方）語言，然後是地方文字，據說最古老的文

字創造出於西元前 3500 年的埃及，稍後便有了（具有語言特徵的）數字。溝通是語言的目的，人們為了溝通，使用語言對所見所聞進行描繪，其中也包括對事物的數量、結構、變化、形態以及空間關係等概念的描繪，進行這類描繪的語言就是數學。普通自然語言使用的符號被稱為文字，處理文字的規則稱為文法。數學也使用符號來對自然規律進行研究，數學符號往往表示具體事物的抽象，數學便是透過這種抽象化和邏輯推理的使用，來描述數量或結構間的規律。然後，再透過「語言、文字、數學」，人類才得以記載流傳下來如今我們稱之為「科學」的東西，例如古希臘科學。

中國古代也曾經有過類似於古希臘那樣一段思想活躍科學萌芽的階段，在《墨子》一書中有所記載。墨子是西元前 400 年左右的人，比古希臘時代稍後。《墨子》一書由墨子的弟子們記錄、整理、編纂而成，其中對光學、力學方面的物理概念有所闡述。

然而，古希臘文化最終孕育了現代科學，而其他文化中的科學成分卻走向了衰落和中斷，這其中的緣由是多種多樣的，有偶然也有必然。在 1953 年，有人拿這個問題去問愛因斯坦，得到答覆中的一段話令人深思，愛因斯坦說：「西方科學的發展有兩個基礎：希臘哲學家發明的形式邏輯體系（如歐幾里得幾何），和文藝復興時期發現透過系統實驗找出因果關係的方法。」

　　簡而言之，愛因斯坦是說，科學發源於古希臘文化，是基於兩個必要條件，即數學體系和系統實驗。

　　因此，古代東方並不是沒有數學，而是沒有基於精密思維的形式邏輯體系；古人腦袋中也不乏解決具體數學問題的技巧，只是缺乏大範圍的數學思想。

　　愛因斯坦的說法固然也包含了對科學離不開數學思想的肯定，因此，科學必須量化。數學不僅僅是作為科學的語言和工具，更為重要的是它給予了科學精密嚴格的「邏輯思想」。我們也應該在這個意義上來討論科學的「量化」。

　　物理和數學的關係十分密切，不在此贅述。那我們就來看看生物學吧，特別是考察一下演化論的歷史，探索其中數學的影子。

演化論與邏輯

　　達爾文的演化論是最重要的科學理論之一，如今已經得到生物學界主流的廣泛認可。但是，歷史上攻擊與責難演化論的思潮不時湧現，其主要原因來自於兩個方面，一是宗教人士欲維持其「神創世界」的信仰，二是廣大民眾對演化論的歷史及現狀並不真正了解。令人欣慰的是，這兩方面都不是領域中的專業人士，因此，要撥開人們眼前的迷霧，向大眾介紹演化論發展的歷史過程尤為重要。

人們喜歡將演化論與宗教宣揚的「上帝創造世界」相提並論，以為兩者都是有關生命來源的問題，要嘛兩者皆科學，要嘛兩者皆不是科學。所以有人便說，演化論與宗教類似，不能質疑，只能信仰。

此言差矣。宗教才重在信仰，科學卻貴於質疑。演化論產生於質疑、發展於質疑，沒有質疑就不會有今天的演化論。首先，達爾文並不是提出演化概念的第一人，早在 18 世紀中葉，法國的布豐（Georges-Louis Leclerc, Comte de Buffon）、拉馬克（（Jean-Baptiste Lamarck）等博物學家就已經從對大量動植物的觀察資料中，產生了「不同物種可能是長時期的選擇、變異、演化而來」的猜想。也就是說，他們對神創論已經提出質疑，但尚未將這些想法發揚光大成為完整的理論，最後，讓此殊榮落在了一位富家子弟達爾文的頭上。

查爾斯·達爾文（Charles Darwin）也是博物學家，但他原本是個正統的基督教徒，從小信奉聖經，之後還曾經在劍橋大學修讀神學成為牧師。因此，他之後提出演化論，是對《舊約》中宣揚的神創論強烈的質疑和反叛。十分有趣的是，達爾文的演化論思想起始於一次歷時 5 年的漫長旅行。

1820 年，英國皇家海軍為了進行環球科學考察（主要是測量海岸線），以 7800 英鎊的造價造了一艘 27m 長的小型雙桅軍艦，命名為「小獵犬號」。1831 年，是「小獵犬號」的第二次出

航，最後歷時 5 年繞了地球一圈。船上載有 65 人再加 9 位臨時僱員，其中絕大多數都是與航行有關的人員，只有一位年輕的博物學家和一位畫家是例外，這位博物學家就是時年 22 歲的達爾文。「小獵犬號」在其環球航程中，途經大西洋、南美洲和太平洋，沿途停留過若干島嶼，也曾沿著巴西、阿根廷、智利、祕魯等地的海岸線作長途航行。旅途中世界各地迥然不同的自然風貌、飛禽走獸、奇花異草，可把從小就酷愛大自然的達爾文樂壞了。每當船靠岸後，船員們在船長的帶領下進行海岸線測量時，那位畫家便拿起畫筆畫畫，而達爾文便考察地質，也同時研究和收集他感興趣的動植物，做細緻的觀察筆記、製作生物及礦石的標本。

這 5 年的歷程，對達爾文之後創立演化論有著關鍵的作用。例如，達爾文在南美看到了美洲鴕、企鵝和船鴨這 3 類不會飛卻長著翅膀的鳥，就想：如果物種由上帝創造永遠不變的話，造物主為什麼要創造這些用牠們的翅膀當槳在水面划水的物種呢？諸如此類的問題還有很多，正是這些對自然現象的細緻觀察，啟動了達爾文頭腦中邏輯思維、系統推理的按鈕，並形成了「演化」的思想。最後，達爾文於 1859 年出版了《物種源始》（*On the Origin of Species*）這部演化生物學歷史上最著名的著作。

可以這麼說，達爾文當年的演化論，雖然沒有建立明顯的數學模型，卻有合理的基本邏輯框架，是數學思考之精華「邏輯

推理」的產物，這種科學精神，豈是不許懷疑的宗教信仰「神創論」所能比擬的？

　　演化論後來的發展也一直是走在符合科學規範的軌道上。與達爾文同時代的奧地利遺傳學家孟德爾發現的孟德爾遺傳定律中，使用了大量的組合數學。之後，1930～1940年代的一些科學家，以孟德爾的理論為基礎，發展成為現代演化綜論（modern evolutionary synthesis）），反映了演變如何進行的共識，為演化論提供了理論基礎。在這些理論研究中，不乏複雜的數學計算。

　　當代演化論的研究中，更是大量應用了數學。統計、機率等如今都是研究演化論最重要的基石。此外，演化論也是可證偽的。

資訊論 —— 實例 1

　　在克勞德·夏農（Claude Elwood Shannon）之前，資訊這個詞彙，與「知識」、「智慧」這些詞彙類似，與數學沒有關係，有些像是一個人文學科中的術語。即使是現在，我們也仍然說不清楚廣義的「資訊」一詞是什麼意思。夏農最初定義的資訊表達式基本上僅僅適用於通訊領域，他給予了資訊概念一個定量而精確的描述：

$$H = \sum (-p_i)\, log\, p_i$$

上式中，H 為資訊熵，p_i 為每個字母在資訊中出現的頻率。

如果運算中的對數 *log* 是以 2 為底的，那麼運算出來的資訊就以位元（bit）為單位。

位元是二進制的基本單位，據說中國人早就注意到世界的二元現象，並發展出陰陽哲學體系。但關鍵問題是，中國人的二元概念僅從哲學推廣到了玄學，未曾抽象提升到形式數學思維的高度，更未發展成精確的布爾代數一類的邏輯體系。這也是值得我們反思的又一例證。這個例子也說明了，數學中邏輯思維的方法，遠比具體的數學計算重要。

科學理論需要物理量的量化，量化後才能建立數學模型。那種「只能意會，不可言傳」的東西，數學不好處理，也就難以發展成為真正的科學。夏農將原來通訊中模模糊糊的資訊概念，天才地量化，澄清了許多混亂的概念，由此而創立了資訊論。如今我們盡享資訊技術之利，還需感謝夏農為人類作出的重要貢獻。

夏農認為，資訊是對事物運動狀態或存在方式的不確定性的描述，1949 年，控制論創始人維納（Norbert Wiener），將度量資訊的概念引向熱力學，與熱力學及統計物理中熵的概念聯繫。夏農的理論和統計物理都以機率論為工具，在描述不確定性這一點上是一致的。這個聯繫讓我們對資訊、熵、機率等概念都有了更深層的理解，也有可能使我們得到啟發，將資訊量化的方法推廣到更為一般的範圍。

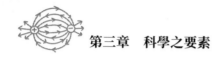
假說和科學

　　經常能聽到：這個○○理論目前只是假說，並非已經完全確定的科學理論。這種說法中有一個錯誤之處，就是將假說與科學理論截然分開，把「科學理論」當成是完全確定的「真理」。

　　科學理論往往從假說開始，科學家根據已有的科學知識和實驗結果（或經驗），對所研究的問題作出猜測，稱之為「假說」。假說可以有多種，不同的人提出不同的假說和模型。一般而言，主流學界公認的是最接近現實、最能解釋當時更多的實驗事實的假說。然後，隨著時間的推移，假說也許被證實，也許被更新、被修正。這是科學發展的重要形式。因此，科學理論發展的歷史就是假說形成、發展、競爭和不斷更迭的歷史。

　　但是，假說被證實到何等程度我們就說它不是假說而是科學理論了呢？其實這裡並沒有也不可能有明確的分界線。沒有什麼科學理論是永遠不變的絕對真理。歷史上，地心說後有日心說，日心說後有宇宙學，牛頓力學後有相對論和量子力學，等等。一個一個的假說都是科學的歷史長河中難以分割的成分，即使有些假說最後被證實為錯誤並被摒棄，它往往也對科學的發展進步有「反證」和推進的作用。

　　重要的是如剛才所言，假說與科學理論並沒有明確分界，這個界限無法量化，科學理論的破舊立新是永無止境的，你永遠說不清楚，一個理論中有多少比例是假說，有多少比例是科學。

比如說，物理學的歷史中，原子結構的各種模型就是當年的假說：

從道爾頓（John Dalton）的實心小球、湯木生（J.J.Thomson）的葡萄乾布丁模型、拉塞福（Ernest Nelson）的行星模型、波耳（Niels Bohr）的半古典原子，一直到現在的量子力學波函數描述的電子雲模型，可以說沒有一個描述原子的模型是永遠完美的，即使是現在公認的電子雲模型，我們也難以預料它未來的命運如何。但是，這些所謂「假說」都是科學的一部分，在歷史上發揮了它們的影響力，即使是現在，有些模型也還有一定的實用價值。因此，與其分別「這是科學，那是假說」，還不如認為假說本身就是科學的一個組成部分，並不是站在科學對立面的東西。

宇宙學 —— 實例 2

宇宙學的發展過程是人類的認識從假說到量化，逐步走向科學的典型例子。宇宙學是最古老的學科，但如今所說的現代物理宇宙學卻很年輕。所謂物理宇宙學，便是從物理的觀點來解釋宇宙。冠以了「物理」一詞，固然少不了數學，事實上也是如此。

現代宇宙學的核心是大霹靂理論（Big Bang），而大多數人對這個理論誤解頗深。有些人認為大霹靂是毫無證據的假說，

是編出來的天方奇譚。有些人認為這個理論與基督教「上帝創造世界」的教旨同出一源，有人甚至將其稱為「西方宇宙學」。然而這些觀點並不反映事實，只是因為多數人對這門學科缺乏基本的了解而導致的結論。科學並無東西之分，儘管我們無法直接驗證宇宙的「大霹靂」，也很難斷定它就一定是宇宙演化歷史的正確描述，但是由於太空實驗衛星大量數據的支持，當今學界主流的大多數人已經承認和接受了這個理論。

「大霹靂」還有另一個名稱「大爆炸」，但這不是一個準確的名字，它容易使人形成誤解，會將宇宙演化的初始時刻理解為通常意義上如同炸彈一樣的「爆炸」。實際上，兩者完全不同，炸彈爆炸是物質向空間的擴張，而宇宙爆炸是空間本身的擴張。有趣的是，據說科學家們曾經想要改正這個名字，但終究也沒有找到更恰當的名稱。

炸彈爆炸發生在三維空間中的某個系統所在的區域，而對宇宙大霹靂而言，根本不存在所謂的外部空間，只有三維空間「自身」隨時間的「平穩」擴張。有人將宇宙大霹靂比喻為「始於烈焰」、「開始於一場大火」，此類說法都欠妥。

大眾對宇宙學知之甚少，大多數人對近年來宇宙學中發生的相關事件即使知其然，也不知其所以然。例如：宇宙膨脹、光譜紅移、探測到重力波等。在大學課程中，不常教授宇宙學。即使是在物理學術界，或者即使是天文工作者，多數也並

不熟悉宇宙學。因為雖然宇宙學建立在對河外星系大量天文觀測實驗的基礎之上，但它和天文學完全是兩件事。可以用一句話來概括兩者的差別：天文學研究的是局部天文現象，宇宙學研究描述的是包羅所有天體、無數星系組成的宇宙整體。

從遠古時代開始，人們就對茫茫宇宙充滿了猜測和幻想。古老的宇宙學可以說已經有過好幾次革命：哥白尼的日心說第一次將人類的宇宙觀移到地球之外；哈伯（Edwin Hubble）透過大型望遠鏡確定了數不清的星系，研究這些星系之間的運動、演化規律，便是宇宙學的目的；而近代的物理宇宙學讓人類進一步思考和研究宇宙的起源。

物理理論的開始階段都是假說，假說需要證實、證偽，才能逐步過渡到科學。而如何證實或證偽？便需要理論模型的量化。中國古代的盤古開天地「天地渾沌如雞子，盤古生其中。萬八千歲，天地開闢，陽清為天，陰濁為地……」，以及西方之七天創世之說，都只能當作是連假說都夠不上的神話而已。

現代宇宙爆炸模型的假說，起始於近 100 年之前。其推動力來自理論和實驗兩個方面：廣義相對論和哈伯的天文觀測結果。

有必要為宇宙建立演化模型嗎？科學家當然是提出肯定的答案。人類的好奇心和探索心在空間和時間上都永無止境，包括宏大無邊浩瀚飄渺的宇宙在內。

　　那麼,如果你認為我們需要用物理的方法研究宇宙演化的話,便可以想像出很多種的宇宙模型,為什麼物理學家們目前獨獨選擇了大霹靂模型呢?根據這個模型,宇宙是在過去有限的時間(大約 137 億年)之前,由一個密度極大且溫度極高的太初狀態演變而來,並經過不斷膨脹才演化成了今天的狀態,見圖 3-3-1。目前大多數科學家接受這個模型,並不是因為這個模型符合西方基督教的口味,也不是因為它最早的「原生原子」構想是由一個比利時天主教神父勒梅特(Georges Lemaître)提出來的。人們接受這個模型的原因,是因為它最能符合大量的觀測數據。

　　對於大霹靂宇宙模型,有許多令人迷惑之處,我們不在這裡一一列舉,希望了解更多詳情的讀者,可參考筆者的另一本科普讀物[02]。在此僅以此例說明,假說被「量化」後,才能走向科學。首先借用圖 3-3-1,澄清幾點大眾對大霹靂模型的疑惑。問題 1:「奇異點之外是什麼?」大霹靂說的是整個宇宙空間的不斷擴張,實際上是發生在空間的每一點,因此,這個問題沒有任何意義;問題 2:「大霹靂之前的宇宙是什麼樣子?」對這個問題,現有理論沒有答案或是不知道答案。當然也有許多想像,比如潘洛斯(Roger Penrose)的多宇宙模型,便認為 0 點之前是不斷循環往復的另一個宇宙,但這只是無法證明的想像。

02　張天蓉‧宇宙零時:從太陽系倒流回大霹靂,宇宙謎團的解答之書‧臺北:清文華泉華,2021

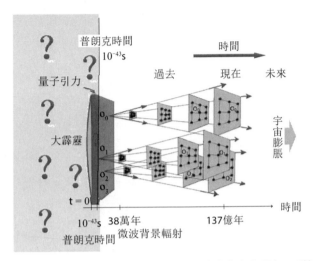

圖 3-3-1　大霹靂宇宙模型（大霹靂發生在空間每一點）

現有的物理理論，時間範圍有個極限：普朗克時間，即圖
3-3-1 中左邊那條（$t=10^{-43}$s）的分界線。在小於普朗克時間的範
圍內，我們無法知曉宇宙發生了什麼。

從普朗克時間到 137 億年後的今天，是我們當前可以用觀測
數據來探索和證明的宇宙範圍。談到觀測數據，某些人又問了：
「不就是哈伯觀測到的光譜紅移嗎？那也不是什麼直接證據！並
且也有其他方法來解釋。」這裡又存在某種誤解，實際上，大霹
靂理論在實驗觀測方面不僅有紅移數據作為星系遠離宇宙膨脹的
證據，而是有所謂「四大支柱」的支持，它們是：①從星系紅移
觀測到的哈伯膨脹；②對宇宙微波背景輻射的精細測量；③宇宙
間輕元素的豐度；④大尺度結構和星系演化的數據。

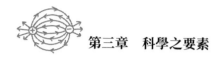

　　目前大霹靂理論的這四大類證據中，宇宙微波背景輻射（cosmic microwave background radiation, CMBR）的精準測量最為引人注目。這方面來自現代探測衛星的觀測數據。這些大量數據使得物理宇宙學真正登堂入室，已經發展成了一門精準的實驗科學。科學家們利用現代化的天文實驗方法 —— 探測衛星，越來越精確地測量 CMBR。早在 1975 年，美國 NASA 便專門為了研究 CMBR 而開始設計測試衛星「宇宙背景探測者」（cosmic background explorer, COBE）。1989 年，COBE 被送上太空。之後，又相繼有了威爾金森微波各向異性探測器（Wilkinson microwave anisotropy probe, WMAP）和普朗克（Planck）探測器，第二、第三代測試衛星。其基本目的都是為了更精確地測量 CMBR。

　　什麼是宇宙微波背景輻射？它們是從大霹靂後 38 萬年左右的「最後散射面」發出來的「宇宙第一束光」。在那之前，宇宙呈現一片混沌電漿狀態，重力和輻射發揮主導作用。因為光子不斷地被物質粒子俘獲，發生快速碰撞，無法長程傳播，它們只是不斷地湮滅和產生，從而使得對於後來的「觀測者」來說（包括 137 億年後的人類），38 萬年之前的宇宙是不透明的、看不見的，如今接收到的只是約 38 萬年前那段時間發出的輻射。

　　如圖 3-3-2 中從左到右所示，是宇宙 137 億年中經歷的物理過程。對右邊（現在時間）的觀察者而言，「最後散射面」猶

如一堵牆壁，使得我們看不到牆壁後面的宇宙更早期景象。但是，這是一堵發光的牆壁，這些光從處於 3000K 熱平衡狀態的「牆壁」發射出來，大多數光子的頻率在可見光範圍之內，它們旅行了 137 億年，不但見證了宇宙空間的膨脹，也見證了宇宙中恆星、星系、星系團形成和演化的過程。當它們來到地球被人類探測到的時候，自身也發生了巨大變化：波長從可見光移動到了微波範圍，因而，人類將它們稱為「宇宙微波背景輻射」（CMBR）。這些 CMBR 光波不簡單！打個比方說：它們就像是來自家鄉的信使，能帶給你母親當年的狀況，還能告訴你沿途的風景。

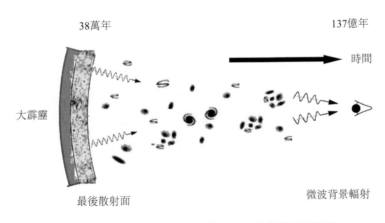

圖 3-3-2　宇宙的第一束光：宇宙微波背景輻射

　　宇宙為什麼會演化成今天這種形態而不是別的形態呢？在最後散射面上，一定包含著我們現在看得見的宇宙的這種「群

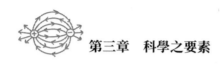

聚」結構的「種子」！即使是被不透明「牆壁」擋住了的「早期宇宙」，也有可能在牆壁上印上一點淡淡的「蛛絲馬跡」。因此，從這堵「牆壁」上發射出來的 CMBR 波，必然帶著這些「種子」的印記，而 137 億年漫長的歷史旅程，又使得 CMBR 波見證了宇宙真正演化的過程。這兩種印記攜帶著宇宙演化的許多祕密。原子形成、類星體、再電離、恆星、星系、星系團形成等，都應該在 CMB 上有所反映。宇宙學家們便透過分析大量數據中的這些「印記」，來了解宇宙中各種粒子、元素、物質、天體及星系的形成。然後，比較理論、構造模型，再進一步發展、修正改進模型，還可以從理論模型預言一些原來未曾注意到的新現象和新規律，從而為觀測衛星設計下一步觀測計畫。這種研究過程和在實驗室裡探測物理規律的科學方法基本一致，由於現代天文觀測方法日新月異的進展，數據的精確度很高，例如，CMBR 的輻射圖中，可以觀測到只有十萬分之一的各向異性起伏。並且，實驗觀測數據與理論模型的吻合，也已經達到驚人的精確度。因此，物理宇宙學度過了 20 年的黃金時期，同時也面臨著前所未有的嚴峻挑戰。

　　可以說，如今的物理宇宙學，已經完全不同於幾十年前的「假說」，其中科學的成分已經越來越多，量化了的宇宙演化數學模型，已經越來越被觀測結果所證實。此外，宇宙學中近十幾年來的一系列重大發現對現有物理基礎理論也提出了諸多挑戰，

比如說，暗物質和暗能量的研究已經成為現代物理的重要課題。

那麼，大霹靂模型還有些什麼問題呢？問題固然還很多。有些問題，比如視界問題、暴脹問題等，可以透過一些辦法解決。事實上，現在的可能正確的宇宙模型也遠遠不限於大霹靂模型一個，只不過沒有一個其他的宇宙模型像大霹靂這樣成功，因此獲得的「信徒」比較多而已。

當然，嚴格來說，至今我們不能完全確定（也許永遠也難以確定）大霹靂理論的正確性，即使我們相信廣義相對論的正確，也相信所有觀測數據的精確度，依然不能夠 100% 說明某個宇宙模型的正確，當然也就不能排除將來否定大霹靂理論的可能。宇宙模型畢竟不同於其他的可以在多種條件下驗證的物理規律，因為宇宙包羅一切，並且只有一個！生存在有限時空範圍內的人類，相對於宇宙而言是如此渺小，卻企圖為宏大的宇宙建立數學模型，這是否有些不自量力？

心理學 —— 實例 3

總而言之，假說有了可量化的數學模型，可以逐步地被實驗和觀測驗證而轉型為科學。目前一些非「現代自然科學」的學科，比如中醫學、心理學以及社會學、語言學、考古學等人文方面的學科，也可在研究中建立數學模型，使用科學方法，走向科學之路。

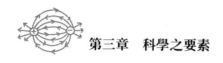

以下舉一個心理學量化的例子：

我們經常談到某人的智商（intelligence quotient, IQ）和情商（emotional quotient, EQ）之高低問題，智商高的人擅長數理而適合做科學研究，情商高的人精通人際關係而善於管理。實際上，IQ 和 EQ 便是心理學家們將人類不同個體的思維及性格特徵「量化」的例子。除了 IQ、EQ 外，還有人定義 SQ 等別的「Q」，都是為了量化而提出的新概念。

例如，英國研究自閉症的心理學家賽門・拜倫・科恩（Baron-Cohen）提出用同理—系統化理論解釋人的思維偏好。該理論從同理（empathizing）和系統化（systemizing）兩個維度將人的思維傾向進行量化，因而簡稱為 E-S 理論。同理商數便是我們通常所說的情商（EQ），而系統化商數（systemizing quotient, SQ），指的是從既定規則來分析和建立系統做法的能力。通俗地說，EQ 高的人更能站在他人的角度來理解他人，SQ 高的人則更擅長掌握規律和透過觀察形成對系統整體的理解，可視為與管理能力有關。

科恩認為，每個人的 EQ 和 SQ 受各種先天及環境因素的影響，科恩根據 EQ 和 SQ 量化值的大小，將人腦大致分為 5 種類型，從而解釋不同思維類型人群的差別，例如，男性和女性的性格差異等。這些均可視為量化使心理學走向「科學」的例子。

4　可被證實和證偽

哲學與科學，在古代幾乎不分，在現代則漸行漸遠。近一百多年來，科學迅猛發展，特別是物理學中相對論和量子力學的建立帶來的革命，給予現代科學以及人們的哲學觀極大的衝擊。儘管科學中不乏各種哲學觀點，但大多數科學家對哲學持一種傲慢態度，尤其是現代物理學家，不怎麼看得起哲學這門學科，有些學者甚至簡單地摒棄一切哲學思考。

不過，愛因斯坦是一個例外，他十分重視哲學對科學的影響，1944 年他在寫給朋友的信中說：「科學的方法論、科學史和科學的哲學思維都是極具意義和教育價值的。」

愛因斯坦對待物理理論，包括牛頓理論和他自己建立的兩個相對論，持理性的批判態度。也正是這種獨特的哲學思維以及愛因斯坦卓越的物理成就，深深地影響了一位科學哲學家 —— 卡爾・波普爾（Karl Popper）。少年時代的波普爾見識了物理學中的革命，卻有諸多疑問存留於心：以牛頓力學和電磁理論構成的古典物理大廈，原本看起來基礎牢固、宏偉壯觀，怎麼突然就被愛因斯坦的相對論動搖了呢？愛丁頓（Arthur Eddington）的日全食實驗為什麼能驗證廣義相對論？科學理論是什麼？應該如何來檢驗它？科學和非科學的分界線到底在哪裡？

經過一段時間的痛苦思考，波普爾提出「可證偽性」的觀念，作為評判「是否科學」的簡單標準。

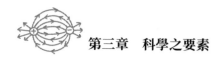

何謂證偽？

波普爾的所謂「證偽」，是相對於「證實」而言。

證實這個詞彙倒是經常被科學家使用，「牛頓第二定律被大量實驗證實」、「吸菸導致癌症被動物實驗證實」、「美國NASA證實火星上存在水」……

相對於一個命題（簡單地說，命題就是一個結論）而言，被證實的意思就是說這個命題被證明為「真」。那麼，如果有事實證明這個命題為「假」的話，就叫做被「證偽」了。

解釋「證偽」的通俗例子有很多，比如說，命題「所有的天鵝都是白色的」，看見白色天鵝的人便證實了這個結論，而如果有人發現一隻不是白色的天鵝，這個命題就被證偽。

為什麼科學界一般常提證實，不常談證偽呢？因為科學發展的過程中往往會提出某個假說。一個假說，也就是一個結論、一個命題。假說不是憑空產生出來的臆想，而是根據已有的一些實驗事實和現有的理論而提出來的「最佳模型」。我們常說「實踐是檢驗真理的唯一標準」，假說需要被實驗驗證，也就是證實。可以說，提出假說的目的就是期望被證實而成為離真理越來越近的科學理論。如果假說一旦被證偽，那就說明這個假說是錯誤的，應該摒棄。

證實或證偽均是針對一個命題（或陳述）而言，邏輯學中的命題可以分為不同類別，如果按照包含元素的範圍來分類，

有全稱命題（universal statement）和單稱命題（singular proposition）。前者包含的事實（元素）是無限的；對時間空間是普適的。後者所包含的事實（元素）是有限的，是特指的，是在特定的「時、空範圍」及「層次範圍」內發生的。例如：「所有烏鴉都是黑色的」、「所有的人都會死」、「所有的金屬都導電」是全稱命題；「這隻烏鴉是灰色的」、「霍金 2018 年去世了」是單稱命題。

邏輯思維方式也有兩大類：歸納邏輯和演繹邏輯。

· **歸納邏輯**：從特殊到一般，從具體事實到抽象「概念」。試圖由單稱命題為真，推論到全稱命題也為真。通俗地說，是指以一系列經驗事物為依據，尋找出規律，並假設同類事物中的其他事物也服從這些規律。我們所熟知的經驗科學的基本方法，就是反覆運用「觀察→歸納→證實」的方法，或稱為「實證機制」。

· **演繹邏輯**：從一般到特殊的必然性邏輯推理。從抽象概念到具體「事實」。由全稱命題推論到單稱命題。演繹適用於數學、邏輯等抽象科學，是一種「試錯機制」。透過「問題→猜想→反駁」的循環過程來「證實或證偽」。

人類的認識活動，總是先接觸個別事物，而後再推及一般。有了一般規律後，又可以從一般推及個別，如此歸納和演繹往復循環，使認識不斷深化，進一步形成理論。

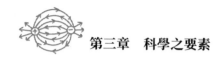

卡爾 · 波普爾的哲學

既然科學假說提出後，希望能被實驗和觀測一步一步證實，那就慢慢等待證實好了，這位波普爾哲學家又為什麼要絞盡腦汁地想出一個「可證偽」的判斷標準呢？

原因在於，當年的波普爾在研究物理學中的若干命題時發現，「證實」和「證偽」並不是對稱的，看看那個「所有的天鵝都是白色的」例子就明白了：要最後證實這個結論，你需要將全世界全宇宙的「天鵝」都考察一遍，但那是不可能的。而要證偽這個結論就簡單多了，你只需要抓住一隻不是白色的天鵝就可以了。

再深入思考下去將發現，「證實」和「證偽」的不對稱，來源於剛才所介紹的命題的分類性質。比如天鵝例子中的那個命題是個「全稱命題」，因為它陳述的對像是「所有的」天鵝，這樣就造成了：證實需要考察無窮多的天鵝，而證偽只需找出一個反例即可。

考慮有關天鵝的另一個命題「存在不是白色的天鵝」。這個命題要被證實就比較簡單：找到一隻非白色的天鵝就行了，而要證偽則比較困難，理論上有可能需要考察無數多的天鵝。與原來命題不同的是，這不是一個全稱命題，而是一個存在命題，因而證實與證偽的角色也就有所不同了。

波普爾所說的「理論不能被證實，但能被證偽」，是指「全

稱命題」，而「單稱命題」是既可被證實，又可被證偽！

　　關鍵問題是，波普爾認為科學假說大多數是全稱命題，因為科學的目的就是要探索自然界的規律。所謂規律，肯定不止覆蓋一個小小的領域，而是能包容的範圍越大越好，越廣泛才越有用，要能夠「放諸四海而皆準」。比如說，牛頓的「萬有引力」定律，指的是「任何兩個質量之間」都存在吸引力，並且遵循同樣的公式，而不是僅僅在地球和月亮之間才有這麼個力。

　　因此，波普爾認為，可以用「可證偽性」來分界科學和非科學。而過去人們採取的使用歸納法來證實和判定科學結論是不可靠的。

　　然而，人類的認識活動總是從歸納個別現象開始，然後得到一般規律。由此出發而有了科學家們經常使用的「證實原則」，即認為一個命題的意義在於它能被經驗所檢驗。但如上所述，因為科學理論追求普適性，多數為全稱命題，因此波普爾認為，可證實性是不現實的，個別經驗不可能推廣到無窮，過去的有限實證也不可能無限地推廣到未來。因此，科學和非科學應該用證偽的原則來分界，因為個別的事例無論有多少，也證實不了一個全稱判斷，而「一個反例可以反駁一條定律」。

　　在波普爾看來，科學不是什麼「真理」，而只是一種不斷被證實，也有可能被證偽的猜測和假說。可證偽，是所謂科學猜想與非科學陳述的根本區別。

　　面對一個具體的科學問題，科學家首先提出某種猜測和試探性理論。如果去解決或解釋它，需要根據猜測或試探性理論演繹推導出可以檢驗的假設，假設檢驗的目的不是去證實理論，而是看理論能不能被否定、反駁或證偽。如果從理論推出的假設與經驗證據不符，說明理論被證偽，必須拋棄，再提出另一個試探性理論，重新檢驗。如果假設與經驗證據相符，不能說理論已被證實，只能說理論被「確認」（corroborated），可以暫時接受，但是隨時準備接受新一輪經驗事實的否定。科學理論永遠處在這樣一個不斷試錯、證偽的過程中，沒有一種理論可以一勞永逸地被證實。這就是波普爾可證偽性原則指出的科學研究、科學發現和科學進步的途徑。據此，波普爾認為，一個理論的科學地位，不是靠經驗證實或具有可證實性，而是依賴其可證偽性、可反駁性、可檢驗性而確立的。因此，波普爾在指出科學發現的邏輯的同時，也提出了一個新的科學分界標準。

　　波普爾最喜愛的正面例子，是愛丁頓觀察日食的實驗對廣義相對論的檢驗。根據相對論原理，光線受重力影響，當光線通過強重力場附近時會發生彎曲，這與牛頓體系和日常生活中觀察到的經驗不符，而且超出一般人的想像；但是愛丁頓在日全食時對太陽附近恆星的觀察，確認了光線穿過強重力場會發生彎曲的預言。廣義相對論經受了嚴格的證偽檢驗，因此被接受為科學理論。不能被證偽的理論則不是科學。

「可證偽」和「被證偽」

波普爾提出的「可證偽」，是指一個科學理論要有被否定的可能性。科學理論是人們從自然得到的知識的積累和昇華，是人性的，因而是可錯的。一個理論系統只有作出可能與觀察相衝突的論斷才可以視為是科學的。

必須注意某些詞語用法上的區別。波普爾科學哲學觀中的界限是「可證偽」，不同於「被證偽」。如果一個科學假說被證偽了，就需要重新考察這個理論，被修改或被摒棄，並不一定意味著舊理論的全面崩塌。例如，當年對廣義相對論的三大經典驗證：光線在太陽附近的彎曲和紅移及水星近日點的進動，對牛頓萬有引力來說，算是「被證偽」，因而使得物理學家們修正了牛頓定律的適用範圍，摒棄了其中「絕對時空」、「超距作用」等看起來不太合理的觀念。狹義相對論及量子力學建立後，馬克士威電磁場理論部分被證偽，之後人們稱其為「古典電磁理論」，在大量的實用範圍內，仍然是一個非常行之有效不可或缺的理論，但相對論和量子論使人們對電磁波及光波之本質有了更為深刻的認識，還摒棄了舊理論中的「乙太」的概念。

波普爾認為科學中的假說多為全稱命題，可以被證偽，邏輯上說，只要觀測到一個反例就可否定它。比如說狹義相對論是可證偽的，因為它建立在光速不變的假設的基礎上，只要能確定地測量到真空中光速不是那個數值，便被證偽了。

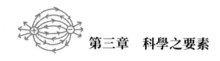

波普爾將「可證偽」作為科學或非科學的分界線，實際上應該將目前的自然科學與其他科學分開來。然而，「科學」未必就高尚，非科學也絕不意味著不重要。並且，每一門學科都在不停地發展和變化中，每一門學科都有可能走上「科學」之路。

那麼，不可證偽的例子有哪些呢？

數學不能證偽。認識論所涉及的證實、證偽是針對人類認識周圍物質世界的過程，而數學是邏輯自洽、自成體系的，不需要「周圍物質世界」來證明它的真實與否。也就是說，數學建立在無須證實的公理的基礎上，因而也無法證偽，在這個意義上，數學不是科學。

有一種命題是不可證偽的，比如說，命題「明天可能下雨可能不下雨」，它把所有可能性都包括了，這種命題永遠正確，當然不能被證偽。

沒有清楚地量化的命題也可能無法被證偽。有人觀察猶太人，得出一個結論「猶太人鼻子大」。這個命題既無法被證實，也不能被證偽，因為它對「大」沒有明確的量化標準，鼻子多大才算大呢？無法證實或證偽，就像算命先生給你的都是一些正反都通、模稜兩可的話語，所謂信之則靈，自然不可證偽。

此外，有關某物存在的命題難以證偽。比如「地外生命存在」、「磁單極子存在」，這一類的命題，不能證偽，但可以證實。剛才所舉天鵝的例子「存在不是白色的天鵝」，即使你觀察

到了幾十萬隻白天鵝，你也不能說非白的天鵝就不存在，因為宇宙無法窮盡，便總有非白天鵝存在的可能性。同樣的道理，「上帝存在」的命題也不可證偽，無限的宇宙、無限的時間範圍，你怎麼知道上帝不存在呢？總有存在的可能性。這個例子與天鵝例子還有不同之處，非白天鵝的存在是可以被「證實」的，因為「天鵝」有一個明確的定義。而「上帝存在」之命題，既不可證偽，也不可證實，因為「上帝」並無明確的定義。

因此，宗教無法證偽，不同於科學。但宗教在社會和人類文明發展中自有其地位，沒有什麼必要一定要擠到科學的範疇中。

非科學和偽科學是不同的概念。也許可以將偽科學定義為自己標榜為科學的非科學。

演化論可證偽嗎？

波普爾曾經一度認為演化論是不能證偽的，這點因而成為某些神創論者攻擊演化論不是科學理論的武器。不過，波普爾後來宣布收回他原來的判斷，承認演化論是可以被證偽的。實際上，即使當初波普爾錯判演化論不可證偽之時，也並不是因為他不相信演化論。波普爾本人是太相信演化論了，認為它是無須證偽的真理。

某些觀點認為，有關地球上生命演化的過程是歷史上發生了的過去的事，只此一次無法重複再現。因此，演化論這種

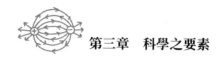

「對過去的預言」是不可證偽的。大多數生物學家認為演化論可證偽，當代著名的達爾文主義者理查‧道金斯教授（Clinton Richard Dawkins），駁斥了歷史預言不能證偽的說法，他舉了個簡單例子說明關於過去歷史的「預言」是可以被檢驗證偽的：「如果有一個被確鑿證實的哺乳動物化石從形成於 5 億年前的岩石中被發現了，那麼我們整個現代演化論就被全部摧毀。」

證實仍然需要

雖然波普爾強調應該用「可證偽」來界定科學與非科學，但也並不否認證實的重要性。證實和證偽是對立統一的兩面，一個理論被證實的次數越多，它被證偽的機率就越來越小。因此，「證偽」並不能取代「證實」。

此外，證偽主義本身也存在很多問題。對全稱命題來說，證偽主義在邏輯上更為合理，但現實不等於邏輯，實際上，證偽的證據是在當時的技術條件下，由觀察和試驗提供的，具有個別性。證偽的實驗可能有錯，這種情況在歷史上也屢見不鮮，並且推動了科學的不斷發展。那麼，你怎麼就知道是原有的理論錯了而不是這個具體的實驗錯了呢？該摒棄的到底是理論還是這一個別實驗呢？這似乎又需要更多的實驗觀測數據的支持了！如此下去，不也一樣的沒完沒了嗎？總之，世界是複雜的，科學是複雜的，一句「可證偽性」，可以為科學判斷提供參考，但我們在具體應用時，不要把它當成教條。

　　波普爾考慮「證實」、「證偽」，最開始是針對現代科學的邏輯實證主義，或稱為科學經驗主義。那是在 1920 年代後期，奧地利一群哲學家、科學家和數學家組成的維也納學派發展出來的。他們企圖發展形式邏輯，建立對經驗科學方法的更深刻認識。

　　然而，從感官經驗知識得來的知識，邏輯實證主義不能提出一個滿意的描繪，也使得準確表述實證原則變得很困難。這使科學哲學家們逐漸對邏輯實證主義產生質疑。波普爾認為邏輯實證主義死了，遭受了謀殺。謀殺者包括波普爾自己，他使用的武器就是「證偽理論」。但這個武器並不如他所想像的那麼銳利。因為實際上的科學命題並不一定是全稱命題，任何理論都有一定的適用範圍和局限性，即使是將自然規律寫成了看起來能無限延伸的全稱命題形式，也並非真正全稱的。事實上，單一的可證實性和可證偽性只能作為特例來看待。一般而言，科學理論，既不能透過某個或某些基本命題得到證實，也不能被它們所證偽。

5 ｜ 放諸四海、推而廣之 —— 普適性

　　科學，必須具有普適性，也就是說，科學中所表述的自然規律，是適合於某一類事物的共同特徵，而不僅僅適合於幾個個別事物的性質。所謂「某一類事物」，總是有一定局限範圍的，因而任何理論都有其適用範圍，但絕不是幾個個案。範圍越大越好，科學規律代表該範圍內事物的共性。

何謂普適性

　　普適性是什麼意思？普適到哪個範圍呢？這其實是個挺複雜的問題，因為每門學科、每個理論，甚至於每個具體的實驗，研究的對象都可以不一樣，因此，所謂普適性，是相對於你所研究的對象的某種共性而言。比如說，你研究生命科學，在某次試驗中，你發現某「小白鼠」A 服用某種藥物 B 後，某種疾病 C 有所好轉，你也許思考了其中的道理，並從中得到一個假設：「藥物 B 能治療小白鼠疾病 C。」但一開始，這只是你在小白鼠 A 身上試驗成功的個案，你的理論假說必須首先「普適」推廣到同類的小白鼠，不僅是你能夠在你的實驗室中應用於別的小白鼠，你的結論還要能夠被別的實驗室的同行們在別的小白鼠身上重複。然後，如果這個結論被許多小白鼠試驗都證實了之後，也許你能夠進一步將它「普適」推廣到其他哺乳動物，甚至進行人體臨床試驗進而推廣到人類。

所以，普適性是一個相對的概念，各個領域有各個領域自己認可的普適性。但是，因為普適性是自然規律需要具有的基本性質，總應該具有一定的範圍，才有可能被稱為「規律」，否則就只能算是個別的經驗了。比如，如果小芳某一天因為痢疾開始腹瀉，後來吃了個蘋果就好了。因此，她的醫生媽媽說「小芳那天吃蘋果治好了腹瀉」，但這句話只是來自小芳一個人的個別經驗，還不是醫學規律。也許小芳媽媽進一步猜測：「蘋果酸能治療痢疾」，從這句話，她已經將她的結論推廣成了具有普適性的假說，可以被證實或被證偽了。那麼，這句話就有可能成為一個醫學規律了。不過，普適性是科學規律的必要條件，不是充分條件，上面那句話，雖然看起來具有了普適性，但在沒有被大量實驗證實之前，仍然只是一個假設，不一定真正成立。

　　從個別案例向普適理論的提升過程是形成一個科學理論的必經之路。這點，在物理學史中有不少典型實例。物理學的發展過程也充分體現了「普適」概念的相對性。

　　普適性是相對的，因此，科學理論也是有層次性的，即使有了更為普適的統一理論，每一層次的局部理論仍然有用。例如，量子力學的普適性可能比原來化學中的規則更廣泛，化學中的許多問題，使用量子及電磁理論的確可以得到很好的解釋，但是量子電動力學方程式太複雜，更適用於次原子以下的層次。因此，化學不可能完全歸結到物理的框架中，化學家們在分子範圍內使用的方法和洞察力依然不可或缺。

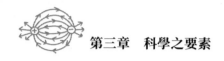

物理學中的普適性

作為自然科學的基礎學科和帶頭學科,現代物理學特別重視普適性,這是因為物理定律(諸如能量守恆、動量守恆、熵增加等)本身就具有普適性,在其他領域也適用。物理學中的第一個普適性結論是 500 多年前伽利略發現的相對性原理。

伽利略在他的名著《關於托勒密和哥白尼兩大世界體系的對話》中,描述了相對性原理,大意如下:

> 你被關在一艘大船的主艙裡,看不見船外。當大船靜止時或者作等速行駛時,你可以做各種類似的物理實驗和觀測。比如:觀察蒼蠅、蝴蝶、魚和其他小飛蟲的運動,觀測水瓶的水一滴一滴地滴下,或者是,你自己在船艙甲板上朝各個方向跳來跳去……只要船的行駛是均勻的,也不忽左忽右地擺動,你將發現,你無法從任何一個現象來確定,船是在運動還是在靜止。

也就是說,相對性原理描述的是物理定律在所有互作等速直線運動,被稱為「慣性座標系」中的普適性。這個故事中又關聯到一則故事:據說早於伽利略一千多年前,東漢時期的《尚書緯‧考靈曜》上就曾經記載說「地恆動不止,而人不知,譬如人在大舟中,閉牖而坐,舟行而人不覺也」。這與伽利略的描述看起來頗為類似,但大大的不同在於,伽利略將此類現象「普適」推廣到了「所有」的慣性座標系,而得到了普適的物理原理,古人卻只是早早地記錄了此類觀測個案,從未經過普適的方法將

觀察經驗上升為科學規律。

萬有引力的建立是物理學中另一個「普適」的例子。牛頓力學體系的建立是科學史上一個重要的里程碑,這個里程碑的重要性也是在於其「普適性」。在人類歷史上,牛頓第一次用普適性的基礎數學原理,來描述宇宙間所有物體的運動。

為什麼說牛頓的萬有引力定律很偉大?在牛頓之前,有伽利略和笛卡兒研究的「地上」力學,有以克卜勒三大定律為代表的「天上」力學。是天才的牛頓統一了它們,統一了「蘋果落地」和「月繞地轉」這兩類貌似不同的觀測現象,建立了天上和地上皆適用的普適性力學。天上的月亮和地下的蘋果看起來沒聯繫,但牛頓第一次告訴我們,它們有共同的方面,遵循著同一個運動法則。萬有引力存在於一切事物之間,無論是月亮、太陽、星星,還是蘋果、石頭、人,都以同樣的數學規律互相吸引:「引力的強度與兩者的質量成正比,與它們質心距離的平方成反比」,無論過去還是現在,無論它們是在天上還是地下!

從相對性原理和萬有引力定律,可以看出「普適」化對發現自然規律的重大意義。

物理學中還有很多普適的守恆定律,特別是,現代物理學發展中有一個非常有意義的成果:德國女數學家艾米·諾特(Amalie Noether)發現的「對稱性與守恆律」的對應關係。這種對應性深化了我們對物理規律普適性的理解。

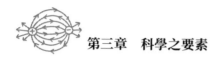

現代物理學是一門不斷發展的科學，物理規律的普適性也不斷地隨之而被否定、更新和發展。以上所述的伽利略的相對性原理，之後被愛因斯坦進一步普適推廣到非慣性系統，牛頓的萬有引力之普適性被廣義相對論所代替，成為愛因斯坦引力理論在引力場較弱情形下的特例。

又如，牛頓的古典物理學中，認為能量守恆和質量守恆是兩個不同的普適定理，能量和質量是兩個不同的概念。狹義相對論提出的質能關係 $E=mc^2$ 卻意味著在某種情形下，能量與質量可以互相轉化。因此，能量與質量不再單獨守恆，質能總體守恆，成為一個新的普適定律。

普適常數

物理常數對物理理論非常重要，一個新的普適理論的誕生往往伴隨著某個普適常數的出現，如牛頓萬有引力定律中的萬有引力常數 G、量子力學中的普朗克常量 h、相對論中的光速 c、宇宙學中的宇宙常數等。新常數的發現往往能為新的革命性的物理理論打開新的窗口，而在一定的程度上，驗證這些常數的普適性也就驗證了理論的普適性。

常數本來是不會改變的，但可以認為它們在相對的意義上變化，從而描述各種不同物理理論的「普適」範圍。比如說，在狹義相對論中，將光速 c 作為資訊傳遞的最大速度，因而避免

了超距作用。而牛頓力學中則隱含著「超距」，即資訊傳遞不需要時間，相當於傳遞速度等於無窮。因而，古典力學可以被看成是光速 c 趨於無窮時狹義相對論的極限。類似地，普朗克常量 h 是建立量子力學時被引入的，與微觀世界中能量是「一份一份」的規律有關，對於古典時能量連續的情況，相當於普朗克常量 h 趨於 0 的極限。此外，在任何理論中，如果暫時不考慮引力效應，就意味著將引力常數 G 取值為 0，或趨於 0 時的極限。

　　根據上述說法，近代物理學中的各種理論，可以畫到一個三維的立方體上，如圖 3-5-1 所示。各個理論模型的相對普適範圍從圖中一目瞭然。

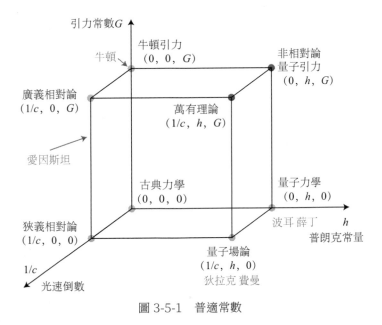

圖 3-5-1　普適常數

181

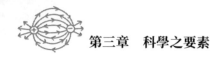

　　圖 3-5-1 中兩個紅點處：所謂大一統的「萬有理論」和量子引力，都是現有物理理論尚未解決的問題。即使解決了，又會有新的矛盾產生。再則，圖 3-5-1 中所示的也僅僅是物理學沿著上述的 3 個基本常數的發展過程，將來還可能發現別的普適常數，反映新的自然規律，從普適性的意義上來說，科學發展也將永無止境。

宇宙普適性

　　如前所述，普適性是相對的，不同時期的不同領域，都有其不同的「普適」概念。但普適性也有一些基本的、共同的、大多數人都承認的、具有直觀物理意義的方面。例如，其中有 3 個較重要的、範圍最大的「宇宙」普適特徵：空間普適性、時間普適性、自然規律的客觀性。

　　就拿本節最開始所舉的那個生命科學家所做的小白鼠試驗來說吧，人們可以檢驗它是否具有上述幾個基本的普適性（需要檢驗，並非一定要具有）。因為人類是生活在一個三維空間中，理想而言，如果能創造完全相同的試驗條件，這個試驗在空間任何一個點進行，結果都應該是一樣的，這被稱為具有空間普適性。就剛才的小白鼠試驗而言，在地球上可以驗證其空間普適性，宇宙範圍內恐怕就難以驗證了，在火星上就很難做到與地球上完全一樣的環境。不過，研究者們總是可以將一些複雜

因素化簡，形成一個近似等效的環境來驗證某些規律。

時間的普適性對上述小白鼠試驗的例子應該比較容易驗證。就是說，今天、明天、將來任何一天，任何時間，在類似條件下做類似的實驗，應該得到類似的結果。

科學家們也研究基本物理常數是否具有宇宙普適性。例如，萬有引力常數 G 在不同時間和不同空間的數值會相同嗎？據說天文學家們對遙遠星系中某些繞著白矮星運轉的脈衝星進行了長期觀測，發現它們的自轉速度穩定地保持不變，因而使其發出射電訊號的週期也十分穩定，穩定的精確度超過地球上最好的原子鐘。因此，透過這些觀測結果，科學家認為，迄今為止，基本上可以證實，萬有引力常數 G 在整個宇宙中都長期保持不變。也就是說，萬有引力常數具有真正的宇宙普適性。

上述所謂「宇宙普適」的第三點：自然規律的客觀性，指的是自然規律是大自然中的客觀存在，不以人們是否在研究和測量這個自然規律而改變。也就是說，自然規律應該是獨立於測量者的主觀意識的客觀存在，實驗結果不會因為觀測者的意識而改變。

這點對古典物理是毋庸置疑的，但在量子理論提出後的許多實驗結果，引起了物理學家們的某些困惑，似乎觀測者的選擇可以改變實驗對象的狀態。

觀測者本身，也是客觀世界的一部分，觀測者及其觀測技

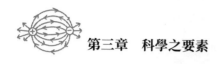

術與周圍環境如何相互作用？是否觀測者的「主觀意識」真能影響量子物理中的實驗結果？如果能夠，是如何影響的？這些問題，以及量子理論及其詮釋帶來的種種困惑，還有待理論的進一步突破和實驗的更多驗證，不在此贅述。

　　儘管如今的科學，看起來已經非常「先進」，但實際上卻很難說。現代科學不過幾百年的歷史，與宇宙的年齡（138.2 億年）、地球的年齡（45.4 億年）、人類的年齡（1500 萬年）比起來，還只能算是一個幼稚的孩子。再過幾百上千年，未來的科學是怎樣的？會如何發展？宗教、哲學、科學、藝術等，最初誕生時曾經在一起，幾百年之後是會越離越遠，各奔東西，還是會逐漸統一在一個大框架下？結果是我們難以預料的。

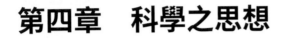

第四章　科學之思想

1 科學美與藝術美

什麼是美

每個人都能感受美、識別美，萬千世界中有萬千種美！九寨溝美景如畫、遊人如織，這是自然美；羅浮宮中，人們欣賞《蒙娜麗莎》永恆的微笑，這是藝術美；徐志摩的〈再別康橋〉，令人回味無窮，這是詩歌的意境美；羅素回憶他在 11 歲學習歐氏幾何時的感受「猶如初戀般令我神魂顛倒」，這是數學美；狄拉克說：「使一個方程式具有美感，比使它去符合實驗更重要」，這是科學美。

然而，到底什麼是美？卻是古往今來多少哲學家孜孜不倦地探尋卻又難以回答的問題。美是什麼？什麼是美？如何定義？美是主觀的，還是客觀的？哲人們從古希臘時期就開始討論美：亞里斯多德認為美是善；柏拉圖說美是理念；畢達哥拉斯學派認為美是數與數的和諧。

美與人們的「情感」有關，說明美是一種主觀感覺，不同的人，對美會有不同的看法和標準，據說錢鍾書曾引用伏爾泰的說法來表達美之主觀性：在雄蛤蟆的眼裡，雌蛤蟆最美！也就是我們通常所說「情人眼裡出西施」的意思吧。休謨的說法更為誇張「美並非事物本身的屬性，它只存在觀賞者的心裡」。俄國

思想家和文學評論家別林斯基也曾經有過類似的說法：美都是從靈魂深處感知的，也認為美是一種來自人靈魂深處的反映。

既然美是主觀感受，並非客觀存在的標準，那麼，同一事物，有的人認為美，有的人認為不美；今天認為是美，明天認為不美，這都是有可能的。

外在事物透過感官進入內心，使你感到欣喜和滿足，便形成美感。「心有靈犀一點通」，一切美感源於靈魂，起於心動。沒有了因感覺而顫動的心靈，便不會感到「美」。即使面對著絕世美女的畫像，看到的也只不過是各種顏色的堆積、各種頻率的電磁波聚集在視網膜上而已。

這麼說肯定有人不同意。他們說：人人都知道，貓頭鷹醜陋孔雀漂亮，豬八戒難看西施美，這能沒有客觀的標準嗎？如果美感只是主觀的，那麼，為什麼大多數人會有共同體驗的美感呢？

多數人的看法，仍然不等於客觀標準。愛美之心，人皆有之。人為什麼對美會有共同的感受？發出共同的讚歎？那是因為我們有共同的文化基礎。人類進入了文明，也產生了文化，文化中的「美」體現了人類這個群體共同的審美記憶。在人類文化的範疇中，美的事物有它們共同的規律，這個規律的確是人類文化中的一種「客觀存在」，能使大多數人產生美感的事物，就是因為符合了文化中的這種客觀規律。就這個意義而言，美

感有其「客觀」的一面，但這與認為美是事物的客觀性質還是兩碼事。

不過，根據維基百科上的定義，認為美是一種「屬性」，屬性，是物體固有的。細觀美的事物，一般都具有協調的比例（例如黃金比例）、壯麗而誘人的光輝、和諧的顏色搭配等，物體的這些「屬性」賞心悅目，普遍給予大多數人以美感。因此，「美感」的產生，不全在物也不全在人，應該是客觀屬性與主觀感覺都有，缺一不可。也就是說，美是一種客觀存在與內心想像相吻合時產生的共鳴。

藝術美

世界上有各式各樣的美。每個人的學歷、經歷、素養、見識，還有所處環境都不同，決定了他所屬的文化圈不同，因而，對各種美有不同的感覺和不同的欣賞水準。

藝術美中，主觀的成分應該多一些。因為藝術是人為創造的，藝術不能脫離「人」而存在。即使藝術品具有使你產生美感的屬性，這屬性也是被創造藝術品的作者（人）賦予的。你如果更多地了解作者的文化背景、創作時代、思想趣味，便更能欣賞其作品之美（圖4-1-1）。

（a）　　　　　　　　（b）　　　　　　　　（c）

圖 4-1-1　文藝復興藝術三傑的作品
（a）拉斐爾‧聖齊奧（1483 ～ 1520）的《聖母子》；（b）達文西（1452 ～
1519）的《蒙娜麗莎》；（c）米開朗基羅（1475 ～ 1564）的《聖殤》

　　達文西畫了一幅《蒙娜麗莎》。有人從中看到美婦人五官勻
稱協調之美；有人被她親切永恆的微笑所感動；有人從其微笑
看到婦人內心的善良之美；還有人體會到婦人的表情中有股哀
傷，即哀怨之美；有人感覺這幅畫的美中隱藏著神祕，更有甚
者還看出了其中暗藏的密碼，便浮想聯翩企圖破解玄機，這也
算是一種特殊美感吧。這些感受因人而異，但都是人為產生的
主觀感覺，畫像本身或許具有能夠被「文明人類」所共同欣賞的
美的某種屬性，但似乎並不具有任何能感動世間萬物的「美」的
客觀特質。怎麼說呢？試想某一天，地球上發生大瘟疫，人類
全部滅亡了，剩下一些小動物（小老鼠）還存在，牠們在巴黎的
羅浮宮裡鑽來鑽去，蒙娜麗莎的畫像掛牆上，可能被小老鼠咬

出一個一個的破洞，因為小老鼠們不可能體會到蒙娜麗莎的藝術美！藝術品雖然還在，但產生「美感」的人沒有了，藝術品的美也就不存在了。

　　中國人的文化背景和以上的「文藝復興藝術三傑」不同，大家可以欣賞一下與三傑同時代的中國畫之美（圖 4-1-2）。

（a）　　　　　　　　　　　　　（b）

圖 4-1-2　古代中國人物畫
（a）明代仕女圖；（b）文徵明（1470 ～ 1559）的《湘君夫人圖》

科學美

　　科學，也有其美之所在。科學美實際上包括很多方面，存在不同的層次。如上所述，任何美都是主觀審美者和客觀對像兩者的結合，那麼，就科學而言，主觀審美者包括科學家和欣賞科學的人們。客觀對象則包括科學觀察的對象（即大自然）、

科學活動的過程（即實驗、觀測、思考、建模等）、科學得出結論（即唯象理論、數學模型等自然規律）。

科學描述和觀察的對像是自然現象，因而首先感受到的是觀察世界時，萬事萬物的外觀所呈現的「自然美」：鳥語花香、綠水青山、浩瀚的宇宙、迷人的星空，正是這些自然之美，使科學家們感官獲得愉悅，激發了他們進一步探究這種「外表美」之下隱藏著的「內在美」的好奇心。

科學活動本身也是一種美。如同勞動和體能訓練，雖然使人感覺苦和累，但同時也給人帶來振奮和滿足，戰天鬥地其樂無窮，苦累中體現出一種奮鬥之美。19 世紀德國哲學家尼采說：「美就是生命力的充盈。」科學活動也是如此，努力思考和探索自然規律的過程，能給人以舒適、快樂、興奮、激動、震撼的「美感」。王國維在《人間詞話》中描述的「讀書三境界」，也是科學研究活動的極美寫照：「昨夜西風凋碧樹。獨上高樓，望盡天涯路。」點破科學家高瞻遠矚，立志探索自然規律的決心；「衣帶漸寬終不悔，為伊消得人憔悴。」描述科學活動中潛藏之奮鬥美；「眾裡尋他千百度，驀然回首，那人卻在燈火闌珊處。」欣賞科學研究成果之美帶來的無比驚喜和興奮！

科學得到的結論，或是唯象理論，或是物理假設，或是數學模型，也都包含著美的成分。並且，在很多情形下，美已經成為科學結論是否「正確」、能否「常存於世」的一個判據。

　　地心說和日心說，是用美感來審視理論的好例子。如果用現代宇宙學的觀點來考察這兩種行星模型，只要認可行星軌道是橢圓，那麼在某種意義上兩種模型可以等效，只不過是在觀察或計算時，所取的參考系不同而已。但是如果從審美角度來看就大不一樣了。太陽比地球大很多，其質量為地球的 33 萬倍。將太陽看作靜止參考系，顯而易見地比反過來的圖像要優越得多。為了解釋因地球自轉而引起的所有天體的「視運動」，地心說不得不引進層層相套的本輪、對位點和偏心輪等複雜機制，這樣產生的宇宙圖像壞了托勒密系統的名聲。之後（被改進了）的哥白尼體系，將參考系從地球移到了太陽上，而其結果相對地心說來說，僅在美感方面的優勢就很明顯。

　　真、善、美，是人類的共同追求。通常來說，科學求真，宗教臻善，藝術崇美。

　　科學的本質在於「真」，在於揭示了自然的真相。一般而言，真和美是不可分離的，符合科學美的理論更有可能是「真」正的客觀規律。不過，一個嶄新的科學理論或假說剛出現的時候，人們即使意識到她的美，也無法驗證她的真。這時，就得靠科學家的直覺來判斷了。對某些科學家而言，美才是科學追求的首要標準。如著名數學家外爾曾經說，如果一定要讓我在「美」和「真實」之間作一個選擇，我將選擇「美」。因為外爾認為，一個簡潔美觀、新穎而自洽、與實驗或觀測基本吻合的理論，可能不複雜卻更符合實驗的理論、更接近真理，隨著時間

的流逝，一個「美」的理論，將來有可能被證實而獲得人心。

科學美與藝術美之異同

藝術的感性美和科學的理性美，有共同之處，也有不同之處。藝術美是更為直觀的、通俗的，停留於感性層面，科學美是抽象的、深奧的，進入理性層面。無論是藝術美還是科學美，都需要認真學習，深入體會，才能欣賞。藝術欣賞需要人文訓練，要理解自然科學中的美，則必須具備一定的科學知識。有一定的專業基礎，才能理解、認識、體驗科學之美。

實際上，許多科學家同時也是藝術家，他們將藝術之美很自然地延伸到藝術領域之外，包括科學。愛因斯坦也曾經表明：科學和藝術可以很好地在美學、形象和形式方面結合在一起。偉大的科學家也常常是偉大的藝術家。

科學研究本身就是一門藝術。科學家熱愛探索自然規律，與藝術家迷戀創作一樣，都是屬於對美的追求。

藝術和科學中，都有直覺的美，也有抽象的美；有「形似」的美，也有「神似」的美。

科學美與藝術美的不同點在於：藝術作品是藝術家人為創造的，而科學所探究的「真理」是原本就存在的。因此，藝術美是藝術家「創造」的，離不開人類。而科學美是原本就存在於世界中，科學家只是「發現」它們而已。

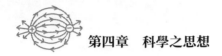

2 西方和東方、寫實和寫意

　　科學探究的是自然界客觀規律之美，更是一種寫實的美。而藝術美是因「人」而存在，更是寫意的美。寫實和寫意，也是西方藝術與東方藝術風格的重要差別。

　　無論東方還是西方，古代最早的藝術應該是從寫實開始。人類基於對自然現象的崇拜，便有了模仿大自然中萬事萬物的願望，也包括模仿和描繪人類自身的外觀形態。如：古希臘的人體雕塑、中國秦朝的兵馬俑，都是人體藝術寫實的例子。

　　圖 4-2-1 中的中國兵馬俑和希臘人體雕像，是立體藝術作品，東方和西方的作品仍然各有特點和風格，但在寫實程度上差不多，都將人物塑造得活靈活現，挺逼真的。原因之一可能是因為到處能找到三維的人體便於模仿。但是，如果看古時的繪畫，逼真度就沒這麼高了，立體感不夠。其原因在於實體是三維的，要將三維的立體人物用二維平面圖表現出來，不能僅僅依靠直接的「模仿」，需要加進人為想像的元素。比如圖 4-2-2 是中國的唐代仕女圖和同時代的歐洲拜占庭時期的繪畫，兩者大概都還缺少透視和人體結構方面的知識，看起來就沒有那麼自然和準確。

（a）　　　　　（b）

圖 4-2-1　　古代雕塑

（a）中國兵馬俑；（b）希臘人體雕像

（a）　　　　　（b）

圖 4-2-2　　古代繪畫

（a）中國唐代仕女圖；（b）歐洲拜占庭時期的繪畫

　　從以上東西方雕塑及繪畫的比較可見，古代中國的藝術與對應時期西方的藝術，在「求實」方面不相上下。但如果我們再比較一下 17 世紀的東西方肖像畫，差別就大了。

　　中國清朝的康熙皇帝與法國路易十四同時代。圖 4-2-3 中是故宮和凡爾賽宮分別館藏的 17 世紀左右的兩幅統治者畫像。

195

比較東西方兩幅肖像畫你可以看到：康熙皇帝的畫像，與當時幾百年前的唐代人物畫相比，在技巧上沒有多少進步，仍然只是線條勾勒且面目呆板，實際上看起來就是一個二維平面圖，毫無立體感，也無生動可言。而油畫中的路易十四，看起來就是個活生生的人物甚至有點像如今的攝影照片。

（a）　　　　　　　　（b）

圖 4-2-3　17 世紀的肖像畫

（a）故宮中康熙皇帝肖像；（b）凡爾賽宮博物館中路易十四肖像

　　除了皇帝的肖像之外，比較東西方更多的人物畫後不難發現：中國國畫中的人物飄逸灑脫，但形態缺乏立體感，臉部也基本上沒有表情，所有角色看起來千人一面。西方油畫中的人物表情豐富、形態逼真。如義大利畫家拉斐爾畫的聖母和孩子，那種皮膚光滑透明的質感，逼真得似乎一觸即破。有人說這是因為西方畫重視寫實，中國畫重視寫意。中國畫的人物不求形似，只求神似。畫的人雖然不像，但具有那種只能意會不

可言傳的神韻。

據說西方油畫在 16 世紀後技藝上的明顯提高，隱藏著一個有趣的祕密。那就是，油畫的藝術美，是得益於科學的幫助。換言之，科學美幫助創造了藝術美！

這是怎麼回事呢？原來，自 15 世紀開始，許多西方畫家改良了傳統的繪畫方式，借助鏡子和其他的光學元件來創作，他們將光線照射模特兒兒，然後透過光學儀器，在布幕或畫布上成像，以此作為繪畫前創作和構圖的基礎。也就是說，那些唯妙唯肖宛然如生的作品不是完全靠「裸眼」寫生完成的，其中已經利用了一部分現代所稱的「照相技術」。

因此，這是既懂藝術又懂科學的優越性，一些西方藝術家同時也是科學家。例如，文藝復興藝術三傑，都是難得的通才：拉斐爾既是畫家，也是建築師；舉世聞名的雕刻作品「大衛像」的作者米開朗基羅，是畫家和詩人，也是雕塑家、建築師；達文西，更是一位少見的博學家，他在繪畫、音樂、數學、幾何學、解剖學、生理學、天文學、地理學、物理學、光學、力學、機械發明等領域都有顯著的成就，他既能發掘科學美，也能創造藝術美，還能將兩者融會貫通。

中國畫更重視意境，因此，中國藝術發展成為一種獨特的神韻。西方藝術到了畢卡索直至現代，也發展出一種「抽象」和「寫意」的風格。這是東西方藝術發展的不同軌道，無須鑑定孰優孰劣，誰是誰非。

3 ｜ 科學的簡潔美

數學是現代科學中不可或缺的部分，因此科學中處處可見數學美。美感與文化有關，人們對美的欣賞則與個人的教育程度有關。科學也是一種文化，科學之美，也與一個人的教育程度、科學素養有關。即使是學理工科，也並不是每個人都能欣賞科學理論中的數學之美。理論物理學家們常說，馬克士威方程式、兩個相對論，都體現了數學美。然而，沒有一定數學修養的人，看到的只是一大堆繁雜枯燥的數學公式，哪有什麼「美」呢？

數學公式能激發數學學者們的「美感」嗎？科學家們用科學實驗的方法來測試和證明這點，同時也研究美感的來源與大腦活動的關係。例如，知名英國數學家麥可‧艾提亞（M. Atiyah）在 2014 年曾經利用磁共振成像技術掃描大腦，進行了一個實驗，結果證實了：數學家對數學產生的美感，與人們對音樂繪畫等藝術產生的美感，是來源於腦部的同一個區域：前眼窩前額葉皮質 A1 區。

艾提亞選擇提供了 60 個包含許多領域的數學公式，讓 16 位數學家接受測試，分別對這些公式從醜到美打分數，並同時進行腦部掃描，測量產生數學美感時大腦中情緒活躍的區域和程度。他們在論文中說明了實驗分析的結果，顯示數學或抽象

公式不但激發美感，使人產生精神上的亢奮，而且在大腦中與藝術美感共享相同的情緒區域。

有趣的是，這些數學專業人士在提供給他們的 60 個公式中，評選出了一個「最醜的」和一個「最美的」數學表達式。它們分別是下面兩個。

最醜的公式：

$$\frac{1}{\pi} = \frac{2\sqrt{2}}{99^2} \sum_{k=0}^{\infty} \frac{(4k)!}{(k!)^4} \frac{(26\,390k + 1103)}{396^{4k}}$$

最美的公式：

$$e^{i\pi} + 1 = 0$$

最醜的就沒有什麼可評論的了，那是一個看起來十分複雜、令人費解的表達式，用無窮級數來計算 $1/\pi$。況且，這只是從 60 個公式中選出來的，如果提出更多的選擇可能性，一定還有更複雜、更醜的！

最美的公式被稱為「歐拉恆等式」，當然也僅僅是從 60 個公式中脫穎而出的。不過，歐拉恆等式一直受到科學家們的好評，例如，美國物理學家理查・費曼（Richard Feynman）就曾經稱這恆等式為「數學最奇妙的公式」。

奇妙在哪裡呢？因為它把自然界 5 個最基本、最重要的數學常數 e、i、π、1、0 極簡極美地整合為一體。其中 e 是自然對數的底，i 是虛數的單位，π 是圓周率，剩下的 1 和 0，在數

學上的地位就不言自明了。憑什麼把這 5 個常數如此簡潔地聯繫在一起，其中還包括了像 π=3.141 592 653…，e=2.718 281 828…這種奇怪的超越數？

這條恆等式第一次出現於 1748 年瑞士數學家李昂哈德·歐拉（Leonhard Euler）在洛桑出版的書中，是以下復分析歐拉公式當 x=π 時的特殊情況：

$$e^{ix}=\cos x + i \sin x$$

但是，不懂數學的人是無法欣賞歐拉恆等式和歐拉公式之美的。如果不知道 e、i、π 符號所表達的含義，不懂複數，不懂冪次，不知道無理數和三角函數以及它們代表的幾何意義，就無法理解這兩個公式體現的美。並且，隨著你越清楚這些概念在數學、量子力學、工程中的威力和聯繫，你就越會讚歎這簡潔公式之懾人之美！

由上述「最美」、「最醜」公式的結果還可發現，大多數數學家把樸素簡單看作數學之美的重要屬性。簡潔，也是科學理論的重要屬性。

科學理論需要凝練和濃縮，這是簡潔之美，例如上面的歐拉恆等式。把複雜的事情簡單化，是一種本領和智慧。簡約不等於簡單，大智若愚，大道至簡，用簡去繁，以少勝多。中國清代著名書畫家鄭板橋用「刪繁就簡三秋樹」表明他的書法及文學理念，主張以最簡練清晰的筆墨，不同凡響的思想，表現出

最豐富的內容。實質上與西方邏輯中常說的所謂「奧卡姆剃刀」
（Occam's Razor）——「如無必要，勿增實體」的原則相同，
同屬「簡潔之美」。

　　科學的目的本來就是要尋找對自然現象最簡單、最美的描
述。刪除一切沒必要的多餘「實體」，留下最少的。多樣性中的
簡單性，才意味著事物之間的和諧。

　　科學研究中的奧卡姆剃刀原則意味著：當你面對導致同樣結
論的兩種理論時，選擇那個最簡單的、實體最少的！例如，物
理學家研究統一理論，基本物理規律、各種粒子和相互作用力
是理論中的實體。那麼，統一理論所追求的就是一種簡潔美。
就是用最少數目的物理規律來描述自然現象；用最少數目的「不
可分割基本粒子」來構成所有的物質；用最少種類的「力」來描
述物質之間的相互作用，這才符合奧卡姆剃刀原則！

　　分形和混沌的理論，將自然界及科學理論中，看起來十分
複雜的現象，透過「自相似性質」用幾個簡單的方程式來描述，
也是一個追求「簡潔美」的例子。

　　詹姆斯‧克拉克‧馬克士威將電磁學中的高斯定律、高斯磁
定律、法拉第感應定律、馬克士威－安培定律等整合在一起，
建立了馬克士威方程式，描述電和磁的性質，並成功地得出光
也是一種電磁波的結論。

　　我們現在看到的馬克士威方程式由 4 個簡潔而美麗的方程

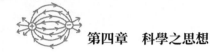

式構成。然而，在馬克士威因胃癌而去世的那一年，馬克士威方程式還不是目前這種簡潔的形式。那時候的方程式包含了 20 個方程式，這種看起來並不漂亮、暫時也沒有實驗證據的「整合」，使人們當年反對馬克士威的觀點，不接受他的理論。

如今馬克士威方程式具備的簡潔美，要歸功於一個自學成才的英國人奧利弗・黑維塞（Oliver Heaviside）。

黑維塞小時候家境貧寒，還患過猩紅熱，因此造成他有點耳聾。就是這樣一個沒有接受過正規高等教育、作風頗為古怪的傳奇人物，自學了當時世界上最高深的理論 —— 微積分和電磁學。黑維塞善於用直覺進行論述和數學演算，在數學和工程上都做出了許多原創性的成就。但也許與其自學的背景有關，他不太重視嚴格的數學論證，因而他提出的算子微積分在開始時遭到數學家們的反對。

黑維塞不在乎別人的反對，獨自創立了向量微積分學，即如今物理學中常用的向量分析方法。黑維塞利用新發明的向量微積分符號，在馬克士威逝世 6 年之後，即 1885 年，將馬克士威方程式改寫成為今天人們所熟知的 4 個方程式的簡潔對稱的形式。

1891 年，黑維塞成為英國皇家學會會員。1905 年，德國哥廷根大學授予黑維塞一個名譽博士頭銜，這是學術界給這位自學成才學者的承認和嘉獎。

4　科學之數學美

數學美不僅使數學自身美不勝收，也給科學美錦上添花。科學中的數學美有多種形式，除了上節所介紹的簡潔之美外，還有邏輯之美、對稱之美、完備之美。

邏輯之美

科學一旦形成了理論，首先要有邏輯性，否則就還只是一堆實驗數據和現象羅列，算不上理論。錢學森曾經說過「科學工作源於形象思維，終於邏輯思維。」也是這個意思。

因此，從事自然科學研究不一定需要多麼複雜的頭腦，卻一定需要清晰的邏輯思維。歐幾里得幾何是邏輯體系最初、最好、最經典的樣板。

一個符合邏輯的理論體系，是從幾個基本的原理出發，用清晰簡潔的思路和推論建立起整個理論大廈。例如，愛因斯坦當初建立狹義相對論，有兩條基本假設 —— 相對性原理和光速不變原理。前者說的是物理規律在所有慣性系中都具有相同的形式；後者意味著在所有的慣性系中，真空光速具有相同的值 c。

如果從牛頓古典物理的觀點來理解，這兩條基本原理似乎邏輯上互相矛盾。特別是「光速恆定」這點不容易理解。為了解決這個互相不自洽的問題，我們需要重新思考時間和空間，重

新思考所謂「同時」這種平時看來是司空見慣的現象。仔細考察後我們才知道，原來同時性並不是絕對的，而是相對的。在行駛的火車參考系上看起來「同時」的事件，在相對於地面靜止的參考系上看起來就不是同時的。這樣，從上述兩條基本原理出發，愛因斯坦突破了牛頓的絕對時空觀，發現了時空間的聯繫，對時間、空間，乃至質量、能量、動量等，都重新定義。然後，再經過邏輯推理，得出了勞侖茲變換、質能公式等整個狹義相對論體系。

狹義相對論還可以說是順應時代的產物，解決了當時與古典電磁理論不符合的邁克生－莫雷實驗。之後，愛因斯坦將相對性原理中的慣性參考系推廣到非慣性參考系，得到了廣義相對論。這個過程並不是為了解釋當時任何不符合理論的實驗觀測數據，儘管後來也有「廣義相對論的三大實驗驗證」，但這並不是當年愛因斯坦建立廣義相對論的初衷。他的目的是將古典的牛頓萬有引力定律與狹義相對論加以「邏輯」推廣，最後的結果就導致了廣義相對論的建立。這個過程可以說幾乎完全是出於愛因斯坦自身對美的追求。廣義相對論使用幾何語言，統一了重力和時空，可以說是完全構建於理念之中，並非為了解決任何實際問題。

正是因為如上原因，當年的愛因斯坦甚至不太在乎其理論與實驗觀測結果是否相符合。據說當愛丁頓的日全食觀測驗證

了廣義相對論之後，某人與愛因斯坦有如下一段有趣的對話：

> 某人：「愛因斯坦博士，觀測證實您的理論是正確的！」
>
> 愛因斯坦：「我早知道它是正確的。」
>
> 某人：「那如果觀測結果和您的理論不一致呢？」
>
> 愛因斯坦：「那很遺憾，但我的理論仍然是正確的！」

愛因斯坦以對時間、空間、重力這些最普通、最基本概念的深沉反思，完全理性地建立了廣義相對論理論。令人驚奇的是，這個出於邏輯美之探求而成的理論，迄今為止已經經受住了 100 年來實驗和天文觀測的考驗，它體現的科學美著實令人震撼、讓人折服。

相對論的建立過程給我們啟迪：欣賞和運用數學的邏輯之美，能幫助自然科學建立嚴密的邏輯結構，找到自然界不同現象背後的深層規律。

對稱之美

對稱性在自然界隨處可見，作為基本數學概念也不難理解。最簡單的例子就是人體。人體基本上是左右對稱的，有左手又有右手，有左眼又有右眼。自然界還有許多對稱的例子，如：花草、樹木、動物……對稱無處不在。對稱是一種美。各式各樣的對稱性，或許也應該加上各種不對稱性，構成了我們周圍美麗的世界。

　　有各種不同形式的對稱：平移對稱、軸對稱、中心對稱⋯⋯不僅大自然物質世界具有對稱性，描述物理世界規律的科學理論也具有對稱性。例如，巨觀和微觀、古典與量子，有互相對應的特點，也可視作互為對稱。

　　狄拉克可算是物理學家中追美第一人。他清心寡慾不染塵，沉迷科學研究無他求，得了諾貝爾物理學獎還不想赴會領取。他特別重視的，是其物理理論之美。

　　20 世紀初期，相對論和量子力學的兩場「革命」，令人對物理學中的「古典」概念之理解，開始劇烈的變化。相對論基本上是愛因斯坦一人的功勞，量子力學牽涉到分子原子物理中的種種問題，引誘了一大批年輕物理學家蜂擁而上，其中的風流才子薛丁格為量子力學建立了基礎的薛丁格方程式；寡言少語、一整天說不出幾個單字的狄拉克，則建立了相對論粒子遵循的狄拉克方程式。

　　相對於概念迥異的量子「革命」而言，不僅僅牛頓力學是古典的，連同時是革命成果的相對論也都被稱為「古典」物理範疇。古典物理處理巨觀粒子，量子力學處理微觀粒子，古典物理用軌道來描述粒子運動，量子力學則使用機率意義上的波函數，古典粒子具有能量和動量，而在量子力學中變成了相對應的算符。這些互為對應之事實，描述了量子物理與古典物理的對稱。

薛丁格根據古典力學的能量公式：$E=p^2/2m+V$，將能量 E、動量 p、勢能 V，代之以相應的算符，得到了薛丁格方程式。

然而，薛丁格方程式有一個不足之處：它沒有將狹義相對論的思想囊括，因而只能用於非相對論的電子，也就是只適用於電子運動速度遠小於光速時的情形。於是，狄拉克使用相對論的能量動量關係：$E^2=p^2c^2+m^2c^4$，也對稱地代進相應算符，並且對算符進行了一個巧妙的「開方」運算，構建了狄拉克方程式。

狄拉克方程式的美妙甚至超過了狄拉克的期望，它不僅考慮了相對論效應，還將當時還不是十分清晰的電子自旋特性自動地包含於方程式中。

由於對稱性，狄拉克的相對論性電子模型中負能量解跟正能量解一樣有效。這個問題使狄拉克困惑，最後，為了解決這個問題，同時也基於「對稱美」的考量，狄拉克提出了「狄拉克海」的概念，預言了當時並不存在似乎顯得有些荒謬的正電子的存在。

1932 年卡爾·安德森（Carl Anderson）在宇宙射線中發現了正電子，證實了狄拉克的預言。1956 年美國物理學家歐文·張伯倫（Owen Chamberlain）在勞倫斯伯克利國家實驗室發現了反質子。

從此之後，與我們原來所見的物質相對稱的「反粒子」和「反物質」逐漸被研究、被預言、被發現。這些預言充分地體現

了「對稱」這個美麗理論的強大魅力，對稱性成為如今基本粒子標準模型的重要基礎。

不過，反物質無法在自然界中找到，即使有少量存在（例如放射衰變或宇宙射線），也會很快地與正常物質發生湮滅而稍縱即逝。所以，反物質只能在實驗室中人為地被製造出來。由此，對稱性也帶給科學家們一大難題：為什麼在現今可見的宇宙範圍中，正反物質如此明顯地不對稱？是否有反物質為主的另類宇宙存在？

世界就是如此奇妙，對稱中又有許多的「不對稱」！所以，不要以為「對稱之美」一定勝利！科學獎項頒發給發現對稱的人，也頒發給發現不對稱的人。至少有 7 位學者，因為研究「不對稱」而獲得了諾貝爾物理學獎。這其中，我們熟知的華人學者李政道和楊振寧捷足先登。

李政道和楊振寧二人於 1956 年提出了一個弱相互作用中的「宇稱不守恆」定律從而獲得 1957 年的諾貝爾物理學獎。宇稱守恆是什麼呢？簡單地說，它與大眾熟知的「鏡像對稱」有關。實際上，「宇稱不守恆」（parity nonconservation）的實驗現象在 1928 年被觀察到，另一位德國物理學家赫爾曼・外爾（Hermann Weyl），早在 1929 年就曾經提出一個二份量中微子理論來解決這個問題，但因為該理論導致左右不對稱，破壞了外爾心中的對稱之美，最終被他拋棄了。20 多年後，外爾已

經去世，李政道和楊振寧重新考慮這個問題，才打破了這個對稱性，吳健雄的實驗最終證實了上帝果然是個弱左撇子！當年的三位華人物理學家，在科學史上合作譜寫出了一段美妙的非對稱旋律。除了宇稱不守恆之外，楊振寧早期還有一項因研究「對稱性」而知名的成果 —— 規範對稱場中的楊－米爾斯理論（Yang-Mills Gauge Theory），這個傑出的工作使他躋身於當代最偉大的物理學家之列。

還有一種不對稱現象曾經困惑物理學家多年，稱為「自發對稱破缺」。意思是說，自然規律（方程式）具有某種對稱性，但服從這個規律的現實情形卻不具有這種對稱性。

人們經常舉幾個簡單的例子來說明自發對稱破缺。比如說，一支鉛筆豎立在桌子上，它所受的力（物理定律）是四面八方都對稱的，它往任何一個方向倒下的機率都一樣。但是，鉛筆最終只會倒向一個方向，這就破壞了它原有的旋轉對稱性，而這種破壞是鉛筆自身發生的，所以叫做自發對稱破缺。

再表達得更清楚一些，就是說，物理規律具有某種對稱性，它的方程式的某一個解不一定要具有這種對稱性。一切現實情況（實驗、觀測等）都只是「自發對稱破缺」後的某種特別情形，它只能反映物理規律的一小部分側面。在一定意義上，這個概念也可以用以定性地解釋宇宙中正物質多反物質少的問題。

　　奇妙的是：數學中的對稱與物理中的守恆定律緊密相關。最早研究這個相關性的是 19 世紀一位才華橫溢的德國女數學家埃米・諾特（Emmy Noether）。她不僅對抽象代數作出重要貢獻，也為物理學家們點燈指路，發現了有關對稱和守恆的一個美妙的定理，被稱為諾特定理。

　　用通俗的話來說，這個（諾特）定理認為，每一個對稱性質，都對應物理學中的一個守恆量。比如說，空間平移對稱，對應於動量守恆定律；時間平移對稱，對應於能量守恆定律；旋轉對稱，對應於角動量守恆定律。還有些諸位不太熟悉的，例如：電磁場規範變換對稱，對應於電荷守恆；SU（2）規範變換對應於同位旋守恆；夸克場的 SU（3）變換則對應於「色」荷守恆。此外，在量子力學中，某些離散對稱性也對應守恆量，例如，對應於空間鏡像反演的守恆量便是李政道、楊振寧所發現並不守恆的「宇稱」。

完備之美

　　物理理論不僅追求簡潔，也追求完備。盡量用最少的公式，描述更多的同類事物。

　　在數學上或相關領域，完備性可以從多個不同的角度被精確定義。但總體來說，指的是一個「對象」（或理論、假說、模型），如果不需要添加任何其他元素，可以達到邏輯自洽的話，

便說這個對象具有完備性，也稱完全性。

　　科學不是純數學，需要實驗和觀測的驗證，因此，在一定的條件下，一個科學理論的完備性可能是相對的，隨時間變化的。

　　例如，在 1960 年代中期，物理學家們建立了基本粒子的「標準模型」，將當時物理實驗能量能夠達到的微觀世界最小層次的物質結構和相互作用統一於 61 種基本粒子。該理論所預言的數種粒子在實驗中均被陸續發現，但其中的希格斯粒子卻遲遲未露面。科學家們孜孜以求，期盼著希格斯粒子登場，也就是為了證實粒子物理學中「標準模型」的完備性，證實物理理論之美。因此，當 2012 年歐洲核子中心發現標準模型的這個最後一個粒子時，科學界欣喜若狂。

　　然而，標準模型仍然有其不完備之處，它與少量的實驗結果不符合，並且它只統一了 3 種作用力，而將重力拋棄在外；此外，現有的物理理論也無法解釋宇宙學領域傳來的有關暗物質、暗能量的資訊。因此，人們還在等待著更為完美的下一個「統一理論」。

　　愛因斯坦是追求完備性的物理學家，他認識到古典理論的不完備而建立了狹義相對論，繼而追求完備推廣至廣義相對論。然後又因追求最終的完備，將其後半生的努力獻給了物理學的統一大業，幾十年如一日，孤獨地尋找著一種更為基本、更為完備的理論。

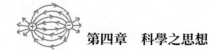

　　針對量子力學理論的詮釋，愛因斯坦曾經與波耳展開一場世紀大爭論。在爭論的最後一個回合，愛因斯坦於 1935 年發表了一篇題為《能認為量子力學對物理實在的描述是完備的嗎？》的論文（通常被稱為 EPR 論文）。文中愛因斯坦提出評價物理理論的標準：一是正確性；二是完備性。愛因斯坦等也提出 EPR 思想實驗（或稱 EPR 悖論），藉著檢驗兩個粒子量子糾纏的行為，企圖凸顯出定域實在論（locality realism）與量子力學完備性之間的矛盾。

　　愛因斯坦認為量子力學不完備，堅持哥本哈根詮釋的波耳認為量子力學完備，這裡爭論的焦點是量子力學中不確定性的本質問題。愛因斯坦一方認為，不確定性的產生是因為理論的不完備，忽略了背後隱藏的隱變量；而波耳一方認為，量子力學中的不確定性，是微觀世界的本質，沒有什麼隱變量！爭論雙方的兩位大師去世之後，英國物理學家約翰·貝爾（John Bell）於 1964 年提出了一個方法，可以借助實驗來驗證隱變量理論。如今半個世紀過去了，大量的實驗結果支持量子力學，而非隱變量理論。實驗結果似乎沒有站在隱變量理論一邊，但對量子力學的完備性問題，人們的看法仍然難以達成一致。

　　說到完備性，想起著名數學家哥德爾的「不完備定理」，這一定理說些什麼？與科學理論的完備性有關係嗎？這個問題難以用三言兩語說清楚，留待下文吧。

5　愛因斯坦和哥德爾

　　愛因斯坦和哥德爾（Kurt Gödel），是當年在普林斯頓高等研究院裡經常一起散步的一對忘年交，兩人的交情從 1940 年哥德爾正式受聘到普林斯頓高等研究院開始，一直到愛因斯坦生病去世的十幾年間。愛因斯坦晚年時有一段話，可以看出他對哥德爾的欣賞程度，他曾經對經濟學家奧斯卡·摩根斯坦（Oskar　Morgenstern）表示說，他自己的研究已經沒有太大意義，之所以每天還到高等研究院來，只是為了與哥德爾一起走路回家！

　　對大眾而言，愛因斯坦的名字家喻戶曉，但哥德爾卻鮮為人知。那麼，哥德爾何許人也？對科學有些什麼傑出的貢獻，才會使得愛因斯坦如此推崇他？

圖 4-5-1　愛因斯坦（左）和哥德爾（右）

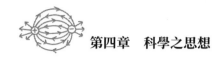

　　哥德爾是一個出生於奧匈帝國、後半生在美國度過的數學家，被人譽為亞里斯多德之後最好的邏輯學家。

　　哥德爾比愛因斯坦晚出生 27 年，在 1906 年，愛因斯坦發表 3 篇重要論文之「奇蹟年」後的第二年，哥德爾才呱呱墜地。哥德爾天分極高，從小是個數學神童，喜歡追根究底地問問題，因而在 4 歲的時候就得了一個「為什麼先生」的綽號。在維也納大學時，他曾經修讀過理論物理，也研究過相對論，之後專攻邏輯學和集合論。他最重要的數學成果：哥德爾不完備定理（incompleteness theorem，也稱哥德爾不完全性定理），是他在 25 歲（1931 年）緊接著博士論文之後完成的。

　　哥德爾不完備定理包含兩個定理：

1. 一個包含了算術的任意數學系統，不可能同時滿足完備性和一致性；
2. 一個包含了算術的任意數學系統，不可能在這個系統內部來證明它的一致性。

　　讓我們試圖用通俗（不太嚴格）的說法來理解哥德爾不完備定理，以及他的證明方式。

　　通俗而言，完備性指的是這個系統包括了所有它定義的對象，一致性指的是沒有邏輯上的自相矛盾。所以，首先將兩個定理翻譯成通俗語言：

1. 一個算術系統，要嘛自相矛盾，要嘛總能得出一些無法包括於該系統中的結論；
2. 不可能在一個算術系統內部，證明此系統是不自相矛盾的。

哥德爾不完備定理的數學證明過程十分複雜，但是該定理及其方法的核心思想，都是運用了「自指」（自我指涉）的概念，這個概念可以用著名的「理髮師悖論」（barber paradox）來說明。

傳說某小鎮上只有一個理髮師，他將他的顧客群（系統）定義為「城中所有不幫自己理髮之人」。但某一天，當他想幫自己理髮時卻發現他的「顧客」定義是自相矛盾的。因為如果他不幫自己理髮，他自己就屬於「顧客」，就應該幫自己理髮；但如果他幫自己理髮，他自己就不屬於「顧客」了，但他幫自己理了髮，又是顧客，到底自己算不算顧客？該不該幫自己理髮？這邏輯似乎怎麼也理不清楚，由此而構成了「悖論」。

也就是說，這位理髮師定義的「顧客系統」要嘛是自相矛盾的，要嘛是不完備的，因為「他自己」無法屬於這個系統。完備性和一致性不可兼得，這就是哥德爾第一不完備定理的含義。

進一步分析下去：如果我們想要證明這個「顧客系統」是自相矛盾的，就必須得將「他自己」加進去，加進去才發現自相矛盾，不加進去就不自相矛盾。而加了他自己後的系統，已經不是他原來（未曾考慮自己時）定義的系統。所以結論是，他不可

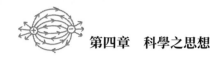

能在他原來定義的系統內部，證明那個系統是自相矛盾的，這就是哥德爾第二不完備定理的含義。

　　從以上分析可知，問題在於「包含自身」這種自指描述，例如，理髮師「只幫不替自己理髮的人理髮」，說謊者說「我正在說謊」，羅素用嚴格的數學語言定義的「羅素悖論」，都是自指命題。哥德爾則模仿這些例子寫出了一句話「這句話是不能證明的」。這種自指描述，被哥德爾用作他證明不完備定理的重要工具。

　　「這句話是不能證明的」，如果你能證明這句話「對」，那你就得承認這句話是不能證明的，因此自相矛盾！如果你能證明這句話「不對」，你就得承認這句話是可以證明的，那麼，你就無法證明它不對。

　　所以，結論是，一個算術邏輯系統中，必定有一些「既不能證實，也不能證偽」的命題。

　　證實和證偽，正是在科學活動（科學哲學）中經常討論的題目，人們自然而然地聯想到，如何將哥德爾的不完備定理用到科學上。

　　哥德爾不是莫名其妙地去證明不完備定理的，他開始的目的是為了解決著名德國數學家大衛・希爾伯特（David Hilbert）於 1900 年提出的 23 個問題中的第 2 題：算術公理之相容性。

　　這個問題來源於希爾伯特的一個宏偉計畫。他的目標是將

整個數學體系嚴格公理化，成為建立在一套牢靠基礎上的宏偉大廈。說到公理化，眾所皆知的歐幾里得幾何是我們心目中公理化的例子，但是數學家與我們的標準不同，希爾伯特就認為歐幾里得的《幾何原本》是不嚴格的公理體系，最初的 5 條基本公設有很多基於直觀的假設，而不是基於用嚴格數學語言定義的基礎上。因此，他另寫了一部《幾何基礎》，重新定義幾何，將幾何學從一種具體模型上升為抽象的、完備而自洽的普遍理論。然後，希爾伯特認為，任何數學真理只要透過一代又一代人的不斷努力，都能用邏輯的推理將其整合到這個數學公理大廈中。

希爾伯特認為算術公理系統是最簡單的，因此，希爾伯特提出關於一個算術公理系統相容性的問題，希望能以嚴謹的方式來證明任意公理系統內的所有命題是彼此相容無矛盾的。換言之，希爾伯特將他的整個計畫歸結為在形式化的算術系統內部證明它的完備性、一致性和可判定性。

然而，哥德爾最後的結論粉碎了希爾伯特的夢想，證明希爾伯特的計畫行不通，因為哥德爾證明了：包含了算術的數學整體（歐氏幾何不包括算術系統）如果不自相矛盾的話，就一定是不完備的，一定有這麼一些「無法證明它為真，也無法證明它為假」的命題存在。希爾伯特雖然遭受了打擊，也不得不承認「不完備性定理對於數學和邏輯學上具有里程碑式的意義」。

人們認為哥德爾不完備定理具有劃時代的意義，它的科學和哲學價值超過了數學領域，可以擴展到科學的各個方面，啟發後人對哲學本質、世界基本問題的思考。美國《時代雜誌》曾經評選出對 20 世紀思想產生重大影響的 100 人，其中哥德爾被列為第四位。

不完備定理表明「一致性與完備性不可兼得」，又使人們聯想到量子物理中海森堡不確定性原理表述的「動量位置不能同時確定」的命題，於是有人認為這兩個原理從哲學角度提出了人類能力發揮的極限。也有人進一步探究兩個原理說法上的相似性，它們是否有深刻的內在聯繫？

當年愛因斯坦和哥德爾一起散步，是否會一起討論上面提出的問題？目前好像沒有確切的資料證實（或證偽）這點。追溯搜尋一下歷史紀錄：哥德爾是 1931 年發表不完備定理，普林斯頓高等研究院於 1933 年建立於普林斯頓大學的校園裡。愛因斯坦、哥德爾、外爾等都是當年受邀的第一批成員。愛因斯坦於 1933 年 10 月抵達普林斯頓後便一直待下去，哥德爾很快返回了歐洲，後來（1934 ～ 1935）又來訪過。這些零散的時間段，兩人討論過什麼，我們不得而知，但高等研究院最初興旺發達的是數學，哥德爾肯定發表過有關不完備定理的演講，愛因斯坦也許對邏輯和數學不那麼感興趣，但也應該知曉這個定理在數學界掀起的軒然大波。1935 年，愛因斯坦與兩位同事發表的

EPR 論文中，提出量子物理的「完備性」問題（之前還提過「自洽性」的問題），其想法以及這些邏輯學中的名詞，很有可能來自哥德爾的工作。

　　1940 年，哥德爾正式受聘於高等研究院，兩人便開始經常一起散步、聊天。我沒有查到他們的聊天紀錄中有直接談到與量子物理及不完備定理相關的內容，但從普林斯頓其他人的回憶中，能夠悟出一點他們互相之間的思想影響。

　　著名的美國物理學家約翰·惠勒（John Wheeler）從 1938 年開始成為普林斯頓大學物理系教授，與愛因斯坦交往頻繁，是當年許多事件的見證人。不過，當時的哥德爾已經大名鼎鼎，又很少與人交往。所以，對小其 5 歲，才 20 多歲的惠勒不會十分熟悉。

　　演算法理論專家格列戈里·蔡廷（Gregory Chaitin）在他的書中曾有如下的描述：據說惠勒曾經和兩個學生一起去過哥德爾的辦公室（大約 1970 年代），想問他關於量子物理及不完備定理之關係，哥德爾不喜歡這個問題，很生氣地將他們「趕出」了辦公室。

　　傑里米·伯恩斯坦（Jeremy Bernstein）在他的書中也提到過此事。不過大多數人認為拜訪過程不是那麼戲劇性的。據說當惠勒等問及此問題時，哥德爾轉換了話題，要和他們討論他正在研究的星系旋轉的物理問題。一年之後，在某次小聚

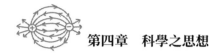

會中，哥德爾向惠勒等解釋了他為何不願談論量子力學中的非決定論與數理邏輯之關係，是因為他曾經和愛因斯坦討論過很久，他不相信量子力學和非決定論。所以，惠勒後來說到這個話題時，認為哥德爾已經被愛因斯坦「洗腦」了。

　　不管幾位前輩如何看待不完備性與不確定性的關係，基本上可以認為，這兩個原理在哲學上勾畫出了人類知識的疆界、認識的極限。至少給我們一點預警：有些東西，也許我們人類是永遠不可能認識的。因此有人認為，不完備定理之於人類的意義超過了牛頓力學、萬有引力和相對論等理論，這些科學理論可能影響幾個世紀的人類，而不完備定理（和測不準原理）所能影響的卻是整個人類的文明歷史。

　　的確，在明白哥德爾不完備定理之前，許多人（包括筆者）有某種潛在的觀念，認為任何科學理論都應該要有邏輯性、自洽性和完備性。而如今不完備定理告訴我們：在同一個系統中，完備性和邏輯自洽不可兼得。也許可以如此理解，一個理論最後要求的完備性，不一定是包括在這個理論自身，而是存在於下一個更深層的理論中。例如，歐幾里得幾何最後被「非歐幾何」所完備；牛頓力學和古典電磁論最後被量子力學和相對論在更深的層次「完備」。也就是說，正是因為一個理論中，完備性與一致性可能不相容，才提供了理論體系進一步發展的突破口。例如量子理論，雖然被實驗證實不存在「隱變量」，但也許

可以找到另外的突破口，建立新的理論，使其暫時「不完備」的理論體系，在將來某個更深層的理論框架下完備。

　　所以，科學理論的發展只能是漸進的、分層次的，新理論也許可以超越舊的理論但卻無法完全取代。

　　對宇宙學而言，可能有更為深刻的意義。宇宙學試圖包羅萬象，但我們自身又是「萬象」中的一部分，是無法從宇宙之外來觀察宇宙的，這有點類似於理髮師悖論中的「自指」，也許是宇宙學解絕不了的「悖論」。就像通常所說的：一個人在地球上，無法透過拉自己的頭髮把自己拉離地面。不過，任何時候的實際宇宙圖景都是不可能「包羅萬象」的，因為地球上人類的觀測範圍只能限制於以地球為中心的「可觀測宇宙」，即使以後移民到了別的星球，也還是被新的可觀測範圍所限制。

　　哥德爾和愛因斯坦有一個難能可貴的共同點：他們都重視思考和研究科學的最基本問題。愛因斯坦曾經多次解釋他為什麼選擇物理沒有選擇數學，他說是因為數學的門類太多，在物理中他能夠清晰地分辨哪些問題是基本的、重要的。但後來，他對他晚年的助手斯特勞斯曾經說：現在，我認識了哥德爾，知道了數學中也有類似的情形。兩人到了晚年更是如此，愛因斯坦研究統一理論幾十年；哥德爾陷於哲學，他曾經對人稍感抱歉地解釋為什麼最後幾年研究的東西都不太成功，因為考慮的一直是最基礎的問題。

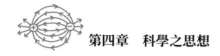

　　為哥德爾寫傳記的華人邏輯學家王浩曾經比較哥德爾和愛因斯坦的異同點。

　　兩人都重視哲學，儘管對世界的哲學觀點並不一樣。兩人性格迴異：愛因斯坦樂觀合群，通情達理；哥德爾古板嚴肅，孤傲獨行。愛因斯坦喜歡古典音樂，哥德爾認為它們索然無味；愛因斯坦積極參加和支持和平運動，哥德爾基本不涉及任何大眾活動。

　　哥德爾 1940 年到普林斯頓高等研究院，1947 年入籍美國，愛因斯坦和摩根史丹利（Morgan Stanley）作為證人陪同哥德爾參加了他的美國公民考試。後來有人描述過當時有趣的一幕：本來一切順利，但當法官問哥德爾是否認為像納粹政權這樣的獨裁統治可能發生在美國時，哥德爾向他論證自己研究美國憲法時的一個重要發現 —— 美國憲法有一個邏輯漏洞，會使一個獨裁者可以合法地掌握權力！他還想就此與法官爭論一番。兩名證人費了很大的力氣才制止了他。

　　哥德爾的晚景令人唏噓！偉大的邏輯學家最後死於「人格紊亂造成的營養不良和食物不足」，這是醫生的診斷結論，等同於餓死的。他病逝時的體重不足 30kg。因為他晚年時經常懷疑有人要謀殺他，會在他的飯菜裡下毒，所以他不相信別人做的飯菜，只相信他夫人做的飯菜。但是太太愛黛爾比他年長好幾歲，也病倒了，沒法照顧他，因此他只能吃一些很簡單的食物或者經常不吃飯，身體狀況迅速惡化，最終才會死於營養不良。

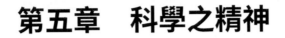

第五章　科學之精神

1 科學中的實驗美

英國哲學家法蘭西斯‧培根（Francis Bacon）是現代實驗科學的始祖。培根有句名言「知識就是力量」，但他強調只靠經驗和實驗來獲得真正的知識。在科學技術的發展中，自古以來就有學者與工匠的區別。學者是社會的上層人士，工匠一般是奴隸或平民，階層的不同造成學者與工匠兩者分離。培根看到了工匠活動對科學的作用與意義，從而提倡科學研究中的實驗方法，突破經院哲學（scholastic philosophy）脫離實際的傳統。培根實際上是個人經驗論者，但他提出的理性思想和實驗方式贏得後人極高的評價，他提出透過科學實驗充分發揮人的主觀能動性，對現代科學研究方法有巨大影響。他探索過科學實驗方法的各種可能性，他本人曾經做過光學實驗，提出製造望遠鏡的建議。他首先引用「實驗科學」一詞，並且自己在一定程度上身體力行，甚至於他的死因（65 歲時死於肺炎）也與其「凡事都得實驗證實」的理念有關。據說那天他與某醫生在馬車上，就食品保鮮的問題而激烈爭論，培根認為如果用冰雪代替鹽，可以將食品保鮮更長的時間。培根認為實驗可以檢驗誰對誰錯，在大雪天讓馬車停下，並立即從附近農家買來一隻雞，開膛破肚掏光內臟填滿冰雪後，包好準備做實驗，沒料到因此受寒病倒，最後病情惡化轉成了肺炎，這位偉大的哲學家沒幾

天就去世了。不過，這也可算是培根為了食品科學實驗而獻身的一個實例，為後人留下榜樣，也留下遺憾。

伽利略主張實驗與數學相結合的科學方法。他反對純理性推演，也不同意對直覺的過分依賴，而是強調兩者結合：從觀察和實驗得到的客觀事物出發，透過數學分析和邏輯推演得出結論，然後再透過實驗驗證這個結論。伽利略最早將數學與實驗相結合的方法應用於自然科學研究。

實驗方面，伽利略研發出多種實驗儀器，利用自己創製的天文望遠鏡觀測天體。理論上，伽利略透過對斜面運動的實驗研究與分析，得出慣性定律，為牛頓提出運動學三定律奠定了基礎。

科學活動的內容和範圍多種多樣，科學美也種類繁多。之前探究了科學中的數學和理論之美，然而，實驗是科學研究的極其重要環節，因此，不可不談實驗美。

科學理論因其思想之深奧和抽象而具簡潔精煉之美，實驗往往和儀器設備器材等「雜物」相關，如何也能夠顯現「美」呢？事實上，科學實驗之美，可以體現在許多方面：美麗多彩的觀察對象、新奇巧妙的過程和設計、精湛先進的設備及技術、完美可貴的數據和成果，等等。優秀而崇美的實驗科學家們如同藝術家一樣，總是把強烈的美學動機用於科學實驗中，注意實驗方法的藝術性，力爭得到最美的結果。

實驗之美可簡單總結為：表觀的現象之美、設計的構思之美、獲取的結果之美。

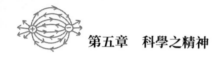

現象美

　　儘管科學家們觀測和實驗的對像有美有醜，但美的事物更能吸引人的眼球，激發好奇心。從斑斕絢麗的天空夜景，到光學實驗室裡各種雷射器發射的五彩斑駁的雷射束，還有化學實驗室裡色彩繁雜、變化奇妙、如同魔幻一般的各種化學溶液和試劑，都在外觀上給人以賞心悅目之美感和無比的想像力。

　　人們都見過彩虹，彎彎的七色綵帶高高懸掛於雨後的天空。早在 14 世紀初，就有人用實驗來模仿天上的彩虹，如有一位德國傳教士，曾經用陽光照射裝滿水的大玻璃球容器，在空中得到了類似彩虹的景象。不過，真正反覆實驗並試圖給彩虹以正確解釋的人是牛頓。牛頓一人獨立完成的用稜鏡分解太陽光的實驗，被評為「十大最美物理實驗」之一。

　　牛頓從中學時代開始，就對光學實驗感興趣。大學期間（1666 年）的那場歐洲大瘟疫，迫使牛頓離開劍橋回到家鄉。閉關在鄉下這一年多的時間裡，牛頓收穫頗豐：數學上他發明了微積分；物理上他思考萬有引力；實驗方面，他開始用稜鏡研究色散現象，探索光的本質，觀察白光透過稜鏡後分解成各種色彩，猶如將天邊美麗的彩虹重現於家中。

　　起初，牛頓只使用一個稜鏡，將太陽光（白光）分解成了各種顏色，如圖 5-1-1 所示。但是，這樣還不足以證明白光就是由各種顏色的光組成的，也可以解釋為白光與稜鏡相互作用而產

生了各種顏色的光。於是，牛頓又設計了白光接連穿過兩個透鏡的實驗，以及將顏色光合成後重新還原成白光的實驗。實驗結果與牛頓預想的完全一致，從而證實了白光的確是由不同顏色的單色光所組成。牛頓繼而提出光的色散理論：稜鏡能夠將白光分解，是因為每一種顏色的光經過稜鏡時有不同的折射率而產生不同偏轉角的緣故。牛頓這些美麗多彩的光學實驗，解釋了光的本質，看起來美，結論也美。

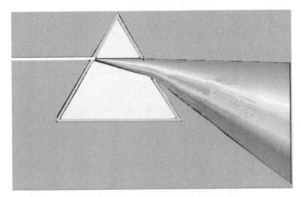

圖 5-1-1　牛頓稜鏡實驗

構思美

實驗之美不僅僅在外觀，更為重要的是內涵，即體現在新巧的實驗構思上的內在美。

我們曾經介紹過，古希臘人埃拉托斯特尼測量地球大小（圖 1-6-2）的實驗方法，就挺巧妙的。根據測量相距不算太遠的兩

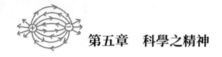

個地點的日影角度和時間差，就估算出了地球的大小，不要說
這是 2,000 多年前的古人，即便是對於現代人而言，也不是很
容易就能想出來的「妙招」。

　　在有限而狹小的地面上，如何來測量和觀察比我們人類大
得多的天體，包括地球？這的確需要一點精巧而美妙的實驗構
思。下面舉兩個例子予以說明：傅科擺和扭秤實驗。

　　日心說提出了地球在自轉的同時圍繞太陽公轉的觀點。那
麼，我們有實驗方法可以證明地球正在自轉嗎？ 19 世紀的法國
物理學家傅科發明了一個簡單的方法，讓你親眼看到地球自轉
的證據。僅用一個單擺就證明了地球自轉，不能不承認傅科擺
的構想之美！

　　傅科受到鐘擺的啟發，他設想，如果地球不自轉，一個自由
懸掛著的單擺的運動應該總是維持在一個固定的平面上。但如果
地球自轉的話，擺動的平面就應該相對於地面上的觀測者產生轉
動。單擺在地面上放置的位置不同，擺動平面的轉動情況也有所
不同。放置於北半球的單擺，擺動平面順時針轉動；而放置於南
半球的單擺，擺動平面將逆時針轉動。並且，在不同緯度的地
點，擺動平面的轉動速度也不同，置於北極南極的擺動平面轉動
速度快，赤道上的擺動平面不轉動，如圖 5-1-2（a）所示。

　　傅科首先在自己家中的地下室進行實驗，為了能夠觀測到
擺動平面旋轉的現象，實驗條件很重要：擺錘要重，擺線要長，
還要盡量減少「自由擺動」時的摩擦。他用 2m 長的鋼絲吊了一

個 5kg 重的擺錘，懸掛於天花板下，經過反覆實驗和改進，終於觀察到擺動平面沿順時針方向緩緩地轉動。

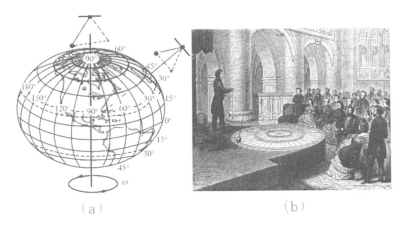

圖 5-1-2　傅科擺

　　然後，1851 年 1 月 3 日，傅科在巴黎先賢祠做了一次成功的擺動演示實驗。為了增大觀測效果，傅科利用先賢祠天花板高高的大廳，將擺長增加到 67m，擺錘是一個重為 28kg 的鐵球。鐵球的下方有一枚尖針，能在直徑 6m 的沙盤上畫出擺錘移動的軌跡，見圖 5-1-2（b）。

　　當年巴黎展示的傅科擺，擺動週期為 16.5s，每擺動一次，擺尖大約移動 3mm，這個週期時間及擺錘移動的距離範圍都是人們可以當場見證的。因此，這個簡單的實驗向人們演示了地球自轉的事實，傅科也由此「傑出的實驗研究」被皇家學會授予科普利獎章。

　　傅科擺證明地球自轉，卡文迪西扭秤實驗的目的則是透過測量萬有引力來計算地球的密度。

　　萬有引力定律是牛頓的貢獻，但是萬有引力到底多大呢？牛頓並不很清楚，因為他的引力公式中有一個引力常數 G，牛頓不知道它的數值，需要透過實驗來測定。卡文迪西實驗始於測定地球密度的初衷，而它最大的意義卻是它的副產品 —— 精確地測量了引力常數 G。

　　英國科學家亨利·卡文迪西（Henry Cavendish）出身於英國一個貴族家庭，被譽為 18 世紀最偉大的實驗物理學家。卡文迪西性格獨特，沉默寡言，不善交際，喜歡獨處，頗有些現代人所說的「自閉症」傾向。據記載，卡文迪西長年穿著一件褪色的天鵝絨大衣，戴著當時已經過時的三角帽，他見人羞澀靦腆，特別是在女士們面前，說話都頗顯困難，所以終生未婚。

　　卡文迪西的家族極其富有，有人說：卡文迪西是有學問的人中最富有的，富有的人中最有學問的。但卡文迪西本人專注科學研究，不愛理財，將父母留給他的大筆遺產長年累月投資同一支股票，也不管漲跌，為他操作投資的代理人企圖說服他稍微改變一點策略，卻被他臭罵一頓，險遭解僱。

　　卡文迪西在電學上進行了大量重要的研究和實驗，但基本上沒有發表，所以鮮為人知。馬克士威的最後 5 年將卡文迪西個人實驗紀錄加以整理，並出版了《尊敬的亨利·卡文迪西

的電學研究》(*The Electrical Researches of the Honourable Henry Cavendish*)一書,世人才得知卡文迪西的部分電學成果。馬克士威於 1871 年在劍橋大學創立卡文迪西實驗室,得到亨利的親戚、曾任劍橋大學校長威廉・卡文迪西的私人捐款,實驗室以卡文迪西的名字命名,亦即如今的劍橋大學物理系。

　　回到卡文迪西測量引力常數的故事。扭秤實驗的原理如圖 5-1-3 所示,實驗中,卡文迪西將兩個 0.73kg 的小金屬球,繫在長 1.8m 木棒的兩邊並用金屬線懸吊起來,這個木棒就像啞鈴一樣。再將兩個 158kg 的大銅球分別放在離兩個小球相當近的地方(大約 23cm),以產生足夠的引力讓啞鈴轉動,並扭轉金屬線。然後用自制的儀器測量出微小的扭轉力矩。

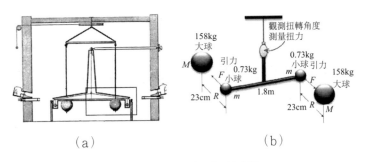

圖 5-1-3　卡文迪西扭秤實驗

(a) 卡文迪西實驗示意圖;(b) 原理圖

　　實驗中,木棒端點的位置變化大約為 4.1mm,卡文迪西透過木棒末端的游標卡尺對微小轉動進行測量,測量結果驚人的

準確，精確度超過 0.25mm。在 18 世紀的工藝條件下，完成這樣精確度的實驗是一個偉大的成就。他的實驗精確度 100 多年無人超過。卡文迪西在實驗結果的基礎上計算地球的密度和質量，相當於在實驗室裡給地球秤量。計算結果：地球的質量為 6.0×10^{24} kg（目前測量值為 5.972×10^{24} kg）。當地球半徑已知時，地球的密度也就表徵了引力常數。因此，扭秤法成了測量萬有引力常數的主流方法。從卡文迪西實驗得到的引力常數 $G = 6.74 \times 10^{-11} m^3 kg^{-1} s^{-2}$，與 2014 年科學技術數據委員會推薦的萬有引力常數值相差小於 1%。

結果美

有些科學實驗的過程本身，很難與「美」沾上邊。例如，生物學及醫學中的解剖實驗，不但不美，還血淋淋地令人膽顫心驚。但是，這些實驗能夠滿足科學家的求知慾和好奇心，使他們透過動物和人體的表象，尋求生命的本質。最後，我們知道了人體的結構和功能，了解了疾病之起因，達到促進健康、造福社會、延長人類壽命的偉大目標。因此可以說，此類研究過程也許不算美，但其結果卻很美！

以血液循環的研究歷史為例。古希臘和古中國都曾有進行人體（屍體）解剖的記載，也有關於血液流動過程的種種猜想，但真正發現並用解剖實驗證實心臟功能和血液循環的，是英國 17 世紀的生理學家和醫生威廉·哈維（William Harvey）。

哈維是與伽利略同時代的人。他 24 歲在英國劍橋大學獲得醫學博士學位後，便開始在倫敦行醫。他關心患者，認真負責，刻苦實踐，很快就成為倫敦的名醫。

　　西元 2 世紀，古羅馬的醫生蓋倫，最早提出了血液流動的理論。蓋倫親自做過大量解剖，也對心臟和血管做過細心的研究，他認為血液在人體內像潮水一樣流動之後，便消失在人體四周，卻從未想到血液會在體內循環。

　　哈維質疑「血液流到人體四周就消失了」的觀點，為什麼會消失？消失到哪裡去了呢？他決心透過解剖實驗，澄清這些疑惑。

　　大多數時候，哈維都是拿動物開刀，他認為人體和大動物的心臟功能及血液循環機制是類似的。哈維一生共解剖過 40 多種動物。透過解剖，他發現心臟像一個水泵，把血液壓出來而流向全身。哈維曾經用兔子和蛇反覆做實驗，他把牠們解剖之後，立即用鑷子夾住還在跳動的動脈，這時候，他發現動脈血管通往心臟的一頭膨脹，而另一頭很快縮小，這說明血原來是從心臟向外流，但被鑷子夾住了而集聚在心臟一頭。反之，當他用鑷子夾住靜脈的話，現象反過來：通往心臟的一頭縮小，而另一頭鼓脹起來，這說明靜脈血管中的血是流向心臟的。

　　上述實驗意味著生物體內的血液是單向流動的：從心臟到動脈，從靜脈到心臟。動物可以解剖，如何證明在人體中也是相似的情況呢？哈維企圖在人體中證實這一點，但當然不能解

剖活人。於是，他巧妙地想出了一個短暫的「活體結紮」的辦
法。他請了一些比較瘦的人，這樣容易在他們身上找到血管並
觀察血管的變化。當他用繃帶紮緊人手臂上的靜脈時，觀察到
朝向心臟那頭的血管立刻變小、癟下去，另一端則變大鼓了起
來；而當紮緊手臂上的動脈時，情形則相反。用繃帶結紮血管
很容易證明血液的流動方向（圖 5-1-4）。這樣便證明了人體中
心臟與血液流動的關係，與動物的血液流動關係是一樣的。

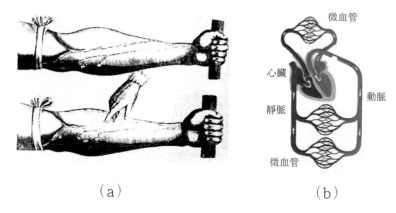

（a）　　　　　　　　　（b）

圖 5-1-4　哈維發現血液循環

（a）哈維書中的插圖；（b）人體血液循環

　　此外，哈維作了一個簡單的計算：如果心室的容量大約為
57g，即心臟每次跳動的排血量大約是57g。心跳每分鐘72次，
則 1 小時由心臟壓出的血液大約為 300kg。這個數值約是體重
的 5 倍。這些血液不可能馬上由攝入體內的食物轉換而來，人

體不可能在短時間內造出那麼多的血。從而，哈維猜測人體內的血液是不斷循環的：血液流出心臟後沒有消失，而是在體內循環。也就是說，血液由心臟這個「泵」壓出來，從動脈血管流出來，流向身體各處，然後，再從靜脈血管中流回去，回到心臟。

　　1616 年 4 月中，哈維在一次講學中，第一次提出關於血液循環的假設。然後，他又花費了 9 年時間來做進一步的實驗和仔細觀察，掌握了血液循環的詳細情況。1628 年出版《關於動物心臟與血液運動的解剖研究》（*Exercitatio Anatomica de Motu Cordis et Sanguinis in Animalibus*）一書，正式建立血液循環的理論。

　　然而，哈維當時的實驗有一個缺失之處：動脈的血是怎樣進入靜脈血管中的？哈維斷言：動脈和靜脈之間，一定有某種肉眼見不到的血管發揮這種連接作用。但由於當時條件所限，哈維無法用實驗證明這點，只能作理論預言。這種「仲介」就是現在我們所說的微血管。後來，義大利醫學家馬爾切洛・馬爾比基（Marcello Malpighi）於 1661 年，將伽利略發明的望遠鏡改製成顯微鏡，觀察到了蛙肺部微血管的存在，從而最後驗證了哈維的血液循環理論。

　　哈維的發現開創了以實驗為特徵的近代生理學，從此，生理學被確立為科學。哈維被稱為「近代生理學之父」。哈維的貢獻是劃時代的，標誌著新的生命科學的開始，屬於 16 世紀科學革命的一個重要組成部分。哈維因為出色的血液循環研究，而成為與哥白尼、伽利略、牛頓等人齊名的科學革命的巨匠。

2　科學家的獻身精神

歷史上不乏為科學而獻身的科學家們，居禮、鄧稼先等幾位核物理專家，都是因為接觸過多的放射性物質而死於癌症。很多科學家是「明知山有虎，偏向虎山行」，科學史上用自己身體做實驗的科學家不乏其人。這種行為不宜提倡，但科學家的獻身精神，值得讚美！

義大利生物學家斯帕蘭札尼（Spallanzani, Lazzaro），研究動物和人的消化過程。為了解開胃的消化之謎，他將食物密封在小的亞麻袋中，然後自己吞下袋子，分別在消化進行的不同時段（一小時、兩小時後）拉出袋子，檢查袋子裡食物的情況，從而了解食物的消化過程。

澳洲微生物學家巴里‧馬歇爾（Barry J. Marshall），為了證明幽門螺桿菌是造成胃潰瘍和胃炎的主要原因，將細菌吞進自己肚子裡。之前，醫學界認為胃潰瘍主要起因於壓力等因素；馬歇爾和羅賓‧華倫（Robin Warren）等，於 1982 年發表了關於胃潰瘍由幽門螺桿菌引起的假說，但被科學家和醫生們嘲笑，因為他們認為細菌不能生活在酸性很強的胃裡。馬歇爾用自身的實驗來證明，他服用了細菌並且在不久後便罹患胃潰瘍，後來，他又使用抗生素治癒了胃潰瘍。

　　現在，馬歇爾和華倫的理論已被學界普遍接受，他們也因之而獲得了 2005 年的諾貝爾生理學或醫學獎。

　　巴夫洛夫（Ivan Pavlov）是大眾熟悉的蘇聯生理學家，因研究條件反射而聞名，並因研究消化系統而獲得 1904 年的諾貝爾生理學或醫學獎。巴夫洛夫將整個生命貢獻給科學，直到 87 歲高齡去世的最後一刻，他還在思考著如何為一生至愛的生理學及心理學留下更多的真實材料。他不浪費一分一秒，密切注視著自己越來越糟糕的身體情況，不斷地向坐在身邊作記錄的學生口授自己生命衰變的心理感覺。巴夫洛夫臨死時留下一句名言，那是對想進來看他的人說的：「巴夫洛夫很忙……巴夫洛夫正在死亡。」

　　做自體實驗最為驚心動魄的人是心內導管術發明人福斯曼〔圖 5-2-1（a）〕。

　　福斯曼（Werner Forßmann）是德國外科醫生，在他 25 歲那年，他提出一個「瘋狂」的想法：將一根導管從靜脈插入至心臟以進行診斷和治療。為了證明這種技術的可行性，福斯曼在自己身上進行實驗。他將一根導管插入了肘前靜脈，並向內推進了 65cm，直到心臟。隨後還帶著插入的導管去放射科，拍攝了人類歷史上第一張心臟導管 X 線片〔圖 5-2-1（b）〕。

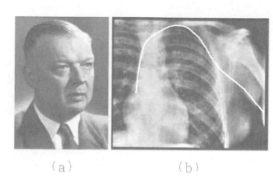

（a）　　　　　（b）

圖 5-2-1　福斯曼（a）和人類歷史上第一張心臟導管 X 線片（b）

正是這項大膽的自身實驗，為不用外科手術研究心臟病變提供了一種全新的方法，開闢了心血管研究和治療的新紀元。多年後，福斯曼與另兩位外科醫生改良了這項技術，他們三人並因此共同分享了 1956 年諾貝爾生理學或醫學獎。

3　現代科學實驗之壯觀

現代科學包含「實驗」和「數學化」兩大部分，分別以哲學家培根和笛卡兒為代表。如果我們將伽利略在 1543 年首次發表《天體運行論》一書，作為現代科學誕生日的話，如今已經將近 500 年過去了。這期間，在科學理論上經過了幾次革命，而在實驗的方法上，更有了天翻地覆的變化，與伽利略時代相比，完全不可同日而語。

現代實驗的特點突出表現在它的人為可控性。可控有兩個方面：一是相關的科學理論對實驗的設計構思、裝置方法等方面的控制，以及對結果的預測與比較；二是以計算技術為基礎的儀器設備對實驗過程在技術方面的控制。

科學理論的發展，在不同時期給實驗提出了不同的要求。現代運算技術的蓬勃發展，能對實驗過程中的各種變量和參數之間的關係進行保證精確度的定量測定。從而保證了實驗的精確性，以及在不同時間、地點，不同的實驗室，但在相似條件下的可重複性。

實驗是驗證科學理論的利器。隨著現代物理學的基礎理論，朝著極大（宇宙）和極小（基本粒子）兩個極端方向發展，物理實驗也從小到大、從下到上，各種實驗規模和方法應有盡有。特別引人注目的，是那些與高能物理或宇宙學相關聯的實驗項目，例如：高能粒子加速器、重力波探測、核融合托克馬克反應爐、大型望遠鏡等，已經變成了一個一個巨大宏偉的工程。這些工程將精密測量儀器和大型探測系統結合為一體，執行著伽利略時代無法想像的實驗任務。

大型工程式的實驗項目，也使得現代實驗具有國際合作、多個團隊合作、跨學科交叉等特點，發表一篇文章，作者人數成百上千的情況屢見不鮮。

在瑞士日內瓦西北部郊區，一片寧靜祥和的美景之下，就

隱藏著一個巨大的科學工程，其中包括一個周長 27km 的巨大環形隧道，它位於地下 100m 深處，貫穿瑞士與法國的邊境。隧道內建有多個粒子探測器，最著名的是幾年前發現了「上帝粒子」（希格斯粒子）的大型強子對撞機 ATLAS。這個探測器長 46m，直徑 25m，重 7000t，相當於艾菲爾鐵塔的重量。探測器上共有 1 億個像素，相當於一個巨型照相機，每秒鐘可拍下 4000 萬張圖片。ATLAS 的目的是利用粒子的高能對撞，尋覓和追蹤某些罕見的粒子，如同生物實驗室裡尋找特殊腫瘤細胞的顯微鏡。但這臺極大「顯微鏡」的造價非同小可，總耗資達到 130 億美元，可算是一臺世界上最昂貴的顯微鏡了。

　　上述的地下大工程屬於歐洲核子研究中心。它是世界上最大的粒子物理實驗室，簡寫為 CERN[03]，已經成立了 60 多年。如此巨大的實驗工程，其設施和裝備都涉及科學技術的種種方面。因此，從研究領域來說，CERN 的研究早已不局限於粒子物理，而是廣泛推廣到機械、電子、資訊、超導等實用技術領域。歷史上看也是如此，核子中心既是物理研究的領頭羊，同時也是全球資訊網的發祥地，許多電腦網格技術、手機觸控技術等，最早也誕生於此，可謂一個科技創新的搖籃。

　　幾年前從地面上探測到重力波的實驗設施，美國花費巨資

03　歐洲核子研究中心（CERN，法語：Conseil Européenn pour la Recherche Nucléaire；英語：European Organization for Nuclear Research

建造並升級的雷射干涉重力波天文臺（laser interferometer gravitational-wave observatory, LIGO），是另一項實驗大工程的代表。

　　LIGO 在原理上，就是光學實驗室中常見的雷射干涉儀。干涉儀的主要構成部分是兩條光路，看起來像兩條長長的手臂，稱之為干涉臂。光線在兩條手臂中來回傳播之後產生干涉現象，透過干涉條紋可以知道兩條光線的光程差，從而達到精確測量兩條手臂之微小長度差的目的。

　　干涉臂的長度越長，測量便越精確。重力波是非常微小的時空擾動，的確能因為傳播方向的不同而引起兩個互相垂直方向上長度的不同變化，但這種變化非常小，需要很長的干涉臂才能產生足夠的光程差而被測量到。這點在實驗室不可能做到，因為實驗室的範圍限制了干涉臂的長度。於是，科學家們就想出辦法，將雷射干涉儀直接建造在了地面上。

　　LIGO 觀測機構擁有的兩套干涉儀，就是這種宏大壯觀的地面雷射干涉儀。兩套儀器，一套安放在路易斯安那州的李文斯頓，另一套在華盛頓州的漢福德。干涉儀每條臂的長度為 4000m！聽到這個數字，你可能才明白了這樣的干涉儀不可能建造在普通的光學實驗室裡。

　　即使 4000m 的長臂，仍然滿足不了測量重力波精確度的要求。科學家們讓兩束雷射在長臂中來來回回地跑 280 次之後再互相干涉，這樣就把兩臂的有效長度提高了 280 倍，使長度測

量的精確度達到了 10^{-18}m，是原子核的尺度的 1/1,000。最後才捕獲到了兩個黑洞碰撞而產生的重力波。

2015 年被 LIGO 探測到的重力波波源，是遙遠宇宙空間之外的雙黑洞系統。其中一個黑洞是太陽質量的 36 倍，另一個是太陽質量的 29 倍，兩者碰撞併合成一個太陽質量 62 倍的黑洞。如此大質量黑洞合併時產生強大的重力波，但當這些重力波傳播到地球上時，已經是微乎其微，能夠被人為的實驗儀器探測到，不能不承認是科學發展至今的一個奇蹟。

由於這些大型實驗涉及的研究人員非常廣泛，因此發表的論文作者人數眾多。例如，LIGO 有一篇探測到中子星合併產生的重力波的長篇論文，署名作者多達 3,600 人，來自全球各地 900 多個科學研究單位。

4 　將實驗室搬到太空

上文中描述的大工程，一個在地下，一個在地面。當人類發展了航太事業之後，也將某些實驗搬到了太空。

太空的動物實驗很早就開始了。1957 年 11 月 3 日，蘇聯發射了第二顆人造衛星「旅行者 2 號」。這顆衛星的衛星艙裡，載有一隻體重為 5kg 的小狗「萊卡」（Laika）。這是第一隻進入太空的哺乳動物，牠身上綁著各種監測生理指標的探測頭，

以供科學家進行研究。但遺憾的是，由於衛星無法返回地面，萊卡在衛星內僅生活了 6 天便死去了。

　　迄今為止，先後進入太空參與太空科學研究的實驗動物有很多種，包括狗、兔、貓、鼠、猴、獼猴等人們常見的動物，還有魚、蛙、蛇、海膽、水母等水生動物，以及蟋蟀、蜜蜂、家蠅等昆蟲。

　　借助於動物的太空之旅，科學家們研究太空環境對動物的影響，例如失重對動物行為的影響等。以便進一步改善太空艙內的條件，給太空人們創造更為合適的生活環境。

　　早期（1970 年代之前）的太空實驗動物死亡率很高，而現在已經越來越適應了。1984 年，美國「挑戰者號」太空梭，將 3000 多隻蜜蜂裝在玻璃箱內做實驗，太空飛行的 7 天時間裡，蜜蜂最初表現極度不安，亂飛亂撞，但之後逐漸適應，最後只有 100 多隻蜜蜂死去，占總數的 3.3%。

　　除了動物重力適應研究類的實驗之外，科學家們也在太空種植植物，繁衍胚胎，進行基因測序、DNA 研究等其他種類的生命科學實驗。

　　載人航太的人體研究是重要的太空科學研究領域之一。了解並減輕空間環境對人體的影響對保持太空人的健康至關重要，也可能有助於地球上的醫學研究。

　　美國 NASA 對一對雙胞胎太空人史考特‧凱利（Scott Kelly）與馬克‧凱利（Mark Kelly）進行了一項有趣的「天地實

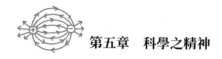

驗」：史考特在太空中生活了 340 天（2015 ～ 2016），與留在
地球的馬克對比發現史考特衰老過程有所減慢，不過在他回到
地球後便很快恢復。NASA 在 2019 年發布了報告，發現太空會
對人體 DNA 產生一定的影響，但這項改變也可能與史考特在太
空中常做運動，以及減少攝取熱量有關。NASA 仍在繼續觀察
這對兄弟的身體功能，研究是否有其他變化。此項實驗的目的
是希望了解人類是否能適應太空生活，試圖找出太空環境對人
體的影響，為「殖民火星」做好準備。

　　太空也成為有關物理、化學、材料等各種技術的實驗平
臺，因為任何在地球上很容易實現的技術，到了太空領域都會
成為一個完全不同的問題。

　　愛因斯坦的重力理論是研究大範圍時空的理論，廣闊浩淼
的太空自然是驗證它的最佳實驗舞臺。專家們從 1960 年代就開
始策劃發射一個專門的探測器（後稱為重力探測器 -B）來檢測地
球重力對周圍時空的影響。

　　重力探測器 -B 的基本構思是利用陀螺儀來探測廣義相對論
預言的兩種進動效應：測地線效應和參考系拖曳。

　　測地線效應，指的是由於地球附近時空彎曲而使陀螺
的轉軸按照測地線產生進動的現象。參考系拖曳（frame-
dragging），是說自身在旋轉的大質量天體帶動周圍彎曲時空
也一起旋轉的效應。重力探測器 -B 在一定的精確度上測量了這
兩種微弱的效應。

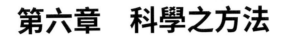

第六章　科學之方法

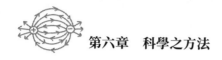

第六章　科學之方法

　　從古希臘開始，就有了科學家，也逐漸總結出若干科學研究的方法。不過，古希臘時代，科學尚未真正誕生，其研究方法也不系統。16 世紀科學誕生，其研究的方法也不斷走向規範化和系統化，走向成熟。到現在為止，基本的科學研究方法仍然差不多，沒有本質上的變化。總結起來，科學方法不外乎是幾個步驟的循環往復直到人們滿意為止。其中主要的步驟是：

1. 觀測、實驗和數據收集。
2. 建立唯象理論、提出假說。
3. 數學抽象，形成理論模型。
4. 驗證和修正理論。
5. 再回到觀測和實驗。

　　科學方法的重要性超過科學研究的內容，因為只要有了正確的科學方法，哪怕我們所有的（或在某一方面的）具體知識都丟失了，也仍然可以重新發現並找回來。本章不對科學方法作形式論述，只是透過多數科學研究工作者的一些經驗之談來描述它，以使讀者從具體實例中體會「何謂科學方法」。最後談及一些因為現代電腦及資訊技術的突飛猛進，對科學方法某些具體層面的影響。

1 盲人摸象

大家都聽過盲人摸象的故事。據說來自佛經，說的是幾位盲人被國王召去觸摸一頭大象，以判斷大象長什麼樣。大象太大，每個盲人只能觸摸到一小部分。每個盲人摸到不同的部位，因而眾說紛紜。一人摸到了象腿就說：「原來大象長得像一棵樹。」另一位盲人說：「原來大象是一根繩子。」因為他摸到的是象尾巴。摸到象鼻子的盲人說：「大象是一條水管。」還有其他的種種說法，說大象是一把扇子、一堵牆、一個洞……

一般人們用這個故事來比喻和嘲笑看問題狹隘片面之人。但對我們科學研究工作者來說，不得不頗感遺憾地承認，在一定的意義上，科學研究的方法就是盲人摸象。

人們嘲笑摸象的盲人，是因為國王和大多數的人有眼睛，他們不是盲人，能夠看到大象長什麼模樣。將此用來比喻科學研究時，就不一樣了。我們大家，包括整個人類，都是「盲人」。一開始，誰也沒見過我們研究的「大象」是什麼模樣，只能靠摸來猜測它。這也就是為什麼沒有人嘲笑科學家，反而尊敬科學家的原因。

大象，是故事中盲人們「觸摸」的對象，就像科學家們企圖研究探索的自然規律。摸象，也就是觀察大自然或對客觀世界進行人為的實驗，這是我們科學活動的第一步。那麼，大千世

界萬事萬物，五花八門，應該觀測些什麼呢？到底是摸象、摸馬，還是摸牛？這就需要科學工作者自己做出選擇，也就是選擇課題。選題往往是科學研究人員碰到的第一個問題。

影響選題的因素很多，取決於環境和條件，同時也取決於研究資歷和興趣。研究環境和實驗條件是決定選題的客觀因素，實用性、道德性、社會利益等都不可忽視，也許其中包含許多功利的、技術性的因素，也不得不考慮，否則研究就將如同一場實現不了的白日夢。就主觀而言，當然是選擇你感興趣的、喜歡的、有美感的事物和現象，也就是選擇你願意為之付出時間和精力的課題。

盲人靠觸摸，科學家靠實驗。盲人觸摸後得到對大象的結論，科學家們從實驗總結出數學模型，得到科學理論。盲人只靠觸覺，用手摸，科學家們除了使用自己的感官（包括眼睛）之外，還有各式各樣的實驗儀器和技術手法。盲人摸象和科學研究，兩者大不相同，但是，思考一下在這個經典故事中，盲人易犯的一些錯誤，卻能給我們的科學研究方法帶來很多啟迪。

感官和儀器的不完善將產生錯覺和誤差，因此，觀測和實驗需要進行多次，不同的人、不同的實驗室、不同的時間和地點，要具有可重複性。即使是在同一個實驗室，也需要進行多次實驗，取其平均值而消除誤差。

為了做到可重複性，需要抓住事物的主要問題，選擇更為簡單的事實。因為越簡單的事情，重複發生的機率便越高。觀測

主要的，忽略次要的，猶如使用奧卡姆剃刀。例如，我們研究拋物體的軌道運動，為了簡單化，將任何被拋射的物體都只當成一個點，無論是拋出去的手榴彈，還是大砲發射的砲彈，都是一個點，將它們的具體形狀全盤「剃去」。因為我們感興趣的只是它們的拋射軌跡，而不是手榴彈在這個軌道上如何旋轉。

得到觀測和實驗數據後，還經常需要用到某些統計方法來處理數據。

2　知其然

楊振寧將物理學研究分為 3 個階段：觀測實驗、唯象描述、理論架構。將觀察和實驗得到的數據加以概括和提煉後，得到的某種描述性模型，被稱為唯象描述規律。也就是說，唯象規律只是一種總結和描述，尚未建立能解釋它的理論。在唯象描述的階段，對觀測到的現象，認識尚處於知其然，卻不知其所以然的階段。

例如，克卜勒根據第谷給予的大量天文觀測數據，總結得到行星運動的克卜勒三大定律，屬於一種唯象描述，因為從它們只能知道行星如何運動，卻不知道行星為什麼會如此運動，直到後來有了牛頓的萬有引力定律及三大運動定律，才解釋了這種橢圓運動的原因。

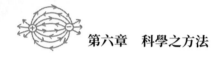

又如，門得列夫（Dmitri Mendeleev）根據當年已經知道的元素性質發現的元素週期表，也是一種唯象描述，因為當時只是將類似性質的元素排列起來，要正確地解釋它，需要用到原子結構的量子理論。

唯象描述一般是局部的、片面的，因為是根據局部的觀察事實總結出來的，不知其發生的原因，怎麼知道朝哪個方向推廣呢？就像每個盲人根據自己摸到的大象的局部而得出的印象一樣，並不能代表整個大象。有人摸到大象腿，建立一個唯象規律——「大象是棵樹」；另一個人摸到大象耳朵，建立一個唯象規律：「大象是個扇子」；第三個盲人摸到象鼻子，建立一個唯象規律：「大象是根繩子」。當然，大象不是樹，也不是扇子或繩子。

唯象描述有其主觀性。即使是觀察同樣一類現象，不同的人可以建立不同的理論。大家都摸大象耳朵，有人說「大象是一片樹葉」，但另外一位盲人卻可能認為「這東西像是一床摺疊起來的被子」。

此外，實驗結果也有可能隨時間而變化，因此唯象描述也相應地變化。某一個盲人，專摸大象的肚子，大象有時候是站著的，他摸到的肚子像是天花板或是牆；但有時候大象撲倒在地上，肚子摸起來像一座小山坡。因此，他對大象的肚子得到兩種唯象描述模型，有時需要用「牆壁」模型，有時需要用「山坡」模型。

人對世界的認識總是片面的，科學家的頭腦只能考慮到宇宙之一隅，永遠也不能囊括整個宇宙。但是，所有這些片面的、局部的知識之總和，可以逐漸逼近全面的理論。

3　知其所以然

唯象描述不能令人滿意，科學的最終目的是要「知其所以然」，因此，科學家們便進一步地建立能夠深入解釋現象的理論模型。

科學的理論系統是分層次的。因此，我們所謂的唯象描述和理論模型，實際上也是相對而言。某一層次的理論模型，可以解釋被該層唯象規律描述的現象，但它對更深（或者更高）的層次而言，可能又只能扮演「描述」的角色，需要更「高深」的理論模型來解釋。

例如前文所列舉關於行星運動的例子，克卜勒定律是「運動學」層次的唯象描述，牛頓萬有引力定律是理論模型，因為它揭示了行星繞日運動的本質，用引力的平方反比率，從動力學的角度解釋了行星軌道為什麼是一個橢圓。但是，如果深究下去：為什麼萬物之間會有吸引力呢？牛頓力學對此並沒有解釋，而只是用一個數學公式來（唯象地）描述這個萬物皆有的性質。因此，在研究引力的層次上，牛頓力學只是唯象描述。而廣義相

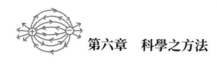

對論，在某種意義上從物質與時空關係的角度，解釋了萬有引力的本質：是來自於物質造成的空間彎曲，物體在彎曲的空間中沿著最短的「測地線」運動，使它們看起來像是在互相吸引。因此廣義相對論成為解釋引力作用更高一級的「理論模型」。然而，人們還可以繼續追問探討下去：物質為什麼會使空間彎曲呢？正是這些沒完沒了的「為什麼」，激勵科學家們不斷地從唯象描述，建立起更深一層的理論模型，促進了科學的進步和發展。

唯象描述和理論模型都需要不停地被修改，不斷地修正錯誤，以符合更多的實驗結果。物理理論正是這樣逐次被修改，才得以完善。

物理學家對「光」的認識便經過了這樣一個反反覆覆的漫長過程，從波動說到粒子說，再到波動說，又到光量子，再到波粒二象性等，光有過很多種理論模型。並且，人類至今也很難說完全認識清楚了光的本質。

又如，以人類對太陽系的認識過程為例，可以說明理論如何隨著觀測資料的積累而不斷地改正「錯誤」。

地心說時代，人類自以為是地認為自己所在的地球是宇宙的中心。古人注意到天上有 7 個會移動的光點：太陽、月亮以及另外 5 個被取名為「金」、「木」、「水」、「火」、「土」的光點，7 個發光體繞著地球轉。後來，地心說被日心說代替，人

們又以為所有星球（包括月亮）都繞著太陽轉。也知道了這些星球自己都不發光，而是反射太陽之光，因而被稱為太陽系的「行星」。再後來，人類才認識到月亮不屬於太陽的行星，應該看成是繞著地球轉的地球衛星更為合理。緊接著，天文學家們又借助解析度更高的望遠鏡，在 1781 年和 1846 年，分別發現了天王星和海王星。

海王星的運動軌道表現了一些異常的特性，使得克萊德·湯博（Clyde Tombaugh）發現了冥王星。冥王星成為太陽系的第九大行星。但後來發現這又是一個錯誤的概念。根據 1931 年的天文觀測資料，猜想冥王星的質量與地球質量差不多。但是隨著觀測方法的改進，到 2006 年時，天文學家們發現，冥王星的質量只有地球質量的 0.00128 倍，只有月亮質量的七分之一。並且，在太陽系還發現了許多小行星群，其中有一些小行星比冥王星還大，如果將這些都算成行星的話，那麼太陽系行星數目將會超過 13 萬個。因而，天文學家們於 2006 年嚴格制定了作為太陽系行星的標準，糾正原來的錯誤，將冥王星從太陽系的行星中「開除」。

物理學中對真空的認識過程，也是一步一步糾正錯誤而修正的。從牛頓的絕對真空到現代充滿各種「場」的量子場論真空，誰對誰錯？並不是簡單一句話能說清楚的。它們只是在不同歷史階段不同的理論模型，看哪一個模型能夠更自洽、更符

合邏輯,解釋更多的實驗結果。

因此,理論模型有缺陷是正常的,並不是一個值得大驚小怪之事。

科學家們的種種數學模型,與真正的現實是有區別的。模型可以有多種多樣,現實卻只有一個。在物理學上,將「大多數人」公認了的、被「多次」實驗證實了的數學模型,叫做有效物理理論。因為真理和模型之間總是需要一個人為界定的標準。有效物理理論並不能說就是唯一的、絕對的真理,只能說推翻它們的可能性比較小而已。理論物理的發展過程中,不乏此種實例。

4 他山之石可以攻玉

有句成語「他山之石可以攻玉」:在這個山上有一種很硬的玉石,找不到工具來碾磨它,但發現其他山上有更硬的石頭,可以用來雕琢此玉而成器。推而廣之,這成語的含意是說我們可以利用別人的經驗,來解決自己的問題。比如洋為中用、古為今用等。

用到知識領域,便可以比喻為將一門學科中成功的經驗應用於其他學科而發現新規律的一種科學方法。也就是說,廣開思路,多了解其他領域的研究情況,有時可以將它們作為借

鑑，開展某些交叉學科、交叉課題的研究，也有可能啟發你在自己的研究中找到新的方法，解決科學難題。

儘管現代科學分類越來越細，給人「隔行如隔山」之感。但任何科學領域，其研究對象都是同一個客觀世界，大自然的規律是內在相通的，科學知識和方法也必然可以相通，這便是「他山之石可以攻玉」的理論基礎。

科學研究的方法是相通的，這點也可以從「資訊」的角度來理解。當今社會是一個資訊社會，科學知識也就是某種資訊，因此，任何科學研究，說穿了都是一個處理「資訊」的過程。摒棄無用的資訊，想辦法得到有用而又正確的資訊，用以消除原來問題中的不確定性，得到更為確定的科學規律。如此從資訊的角度來分析問題，可以使你登高望遠，對問題能有更深層的理解，更容易融合各學科的間隙，達到借他山之石而攻玉的效果。

科學史上，有許多這樣的例子。例如從物理學到生物學的借鑑而引發了生物學的革命。

1932 年，在一次國際大會上，著名物理學家、量子力學奠基人之一尼爾斯·波耳發表了一場題為《光與生命》的演講。波耳指出物理中的某些屬性在生物學中是相通的，因此他想看看物理學世界的新觀點（量子力學中的互補性）如何改變我們對生物世界的看法。

　　直接被波耳的演講所激勵，轉而將畢生奉獻給生物學研究的是波耳的一個學生，後來成為分子生物學開創人的馬克斯・德爾布呂克（Max Delbrück）。

　　德爾布呂克是德國物理學家，當年師從波耳獲得了哥廷根大學物理學博士學位後，便決定轉入生物學研究。他最初的興趣是在基因和遺傳學方面。

　　孟德爾於 1865 年在豌豆雜交實驗中首次發現了遺傳規律，提出「基因和遺傳」的概念。20 世紀初期，遺傳學家摩爾根（Thomas Hunt Morgan）透過果蠅的遺傳實驗，認識到基因在染色體上呈線性排列。摩爾根因此而獲得諾貝爾生理學或醫學獎。基因和遺傳學令德爾布呂克著迷。他和他的研究夥伴們在 1935 年的一篇很有影響力的論文裡，提出可以把基因當成分子看待的觀點。

　　德爾布呂克與蘇聯遺傳學家季莫菲耶夫—列索夫斯基（Timofeeff-Ressovsky）以及物理學家 K.G. 齊默爾（K.G.Zimmer）合作，將量子力學概念用於研究果蠅的 X 射線誘變現象，發表了一篇被後人稱為「遺傳學三人論文」，這是世界上第一次提出的基因模型，比詹姆斯・華生（James Watson）和法蘭西斯・克里克（Francis Crick）提出著名的 DNA 雙螺旋結構模型整整早了 18 年。

　　除了波耳之外，當年還有另一位著名物理學家薛丁格，注意到物理化學的理論與生命科學的關係。事實上，也正是德

爾布呂克等三人文章中的思想，刺激了薛丁格。那時候，薛丁格經常到各高等學府舉辦科普性質的講座。受德爾布呂克的啟發，他開啟了一個生命科學的系列講座並大受聽眾歡迎。之後，薛丁格把講稿整理成一部書，名為《生命是什麼》（*What Is Life?*）。該書在科學界產生了非常廣泛的影響，激勵了一大批年輕物理學家或學生轉向生命科學的研究。其中包括：後來因建立 DNA 雙螺旋結構模型，榮獲 1962 年諾貝爾生理學或醫學獎的華生、克里克和威爾金斯。因此，薛丁格的這部書，被人們稱為從思想上「喚起生物學革命的小冊子」。

受薛丁格小冊子以及德爾布呂克影響的年輕人，還有義大利細菌學家薩爾瓦多·E. 盧里亞（Salvador E. Luria）和美國遺傳學家阿夫烈·D. 赫西（Alfred D. Hershey）。1952 年，他們與德爾布呂克一起，進行關於噬菌體在分子生物學方面的研究，進行了著名的噬菌體實驗，證明 DNA 就是遺傳資訊的物質載體。這一傑出的實驗成就奠定了分子遺傳學乃至整個分子生物學的基礎。他們發現了噬菌體在細胞內增殖過程中的作用，而共同獲得了 1969 年的諾貝爾生理學或醫學獎。

因完成世界首次分子尺度上的基因重組、創立現代基因工程技術，而獲得 1980 年諾貝爾化學獎的伯格，因發現核醣核酸（ribonucleic acid, RNA）的細胞催化功能而榮獲 1989 年諾貝爾化學獎的奧爾特曼等人，都受到過《生命是什麼》一書的影響。

因而可以不誇張地說,以發現 DNA 雙螺旋結構為標誌的分子生物學革命,是科學致力從物理學向生物學轉移的結果,是「他山之石可以攻玉」的科學方法的成功,也就是學科交叉融合的成功產物。

有理由相信,科學整體中更為宏大而重要的創新革命,應該來自生命科學、物理科學和工程科學等領域的大融合,這種融合已經發生,有可能真正揭開生命之謎,我們拭目以待。

5 電腦網際網路與科學

如今,電腦和網際網路已經成為科學研究中不可或缺的重要組成部分。

電腦的歷史很長,即使只談電子數位電腦,也可追溯到 1940 年代。但毫無疑問,科學家們最初發明電腦的目的主要是為了解決數值計算問題。1970 年代,科學家們構建了網際網路的前身 —— ARPANET,其初衷也是為了便於研究機構之間傳遞研究資料,以及科學家們方便地進行資訊交流。1989 年,在歐洲核子研究中心工作的英國人柏內茲 - 李,(Timothy John Berners-Lee)為了同事之間更方便分享文件,撰寫了第一個基於網際網路的超文字系統提案《關於資訊管理的建議》,這被認為是全球資訊網誕生的代表。

如今，40 年過去了，電腦和網際網路當然已經完全不限於科學研究，而是走進了千家萬戶，進入每個人的生活中，深刻地影響了整個社會。但無論如何，初心仍然不改，對科學研究而言，這兩項現代技術，正在發揮越來越重要的作用。

如今，電腦已經是科學研究中不可缺少的強大武器，無論是科學理論、觀測還是實驗，都離不開電腦。幾十年來，電腦幫助科學家的方式也已經有了很大的變化。早期科學工作者使用電腦做複雜、冗長、耗時的數值計算，如計算矩陣、積分、求方程式數值解等。後來，科學家們憑藉多種先進的數學軟體，還可以完成各種複雜的符號公式運算。例如，Mathematica、Maple、Matlab 等系統軟體，幫助人們推演公式、解析求函數的微分積分、因式分解等。還能畫出各種函數圖像，包括三維圖像，幫助人們認識和理解函數的性質。

電腦於科學研究，除了數值計算和理論推導之外，還用於觀測和實驗中的數據處理、自動控制等方面，是現代實驗室不可缺少的重要元素。

用電腦來模擬或仿真各種複雜的自然現象，是利用電腦技術的主要方面。一般而言，科學規律提出的是方程式，但這些方程式在複雜的具體情況下，往往無法得出解析解。因此必須透過電腦分析和模擬，才能解決這些異常困難的科學問題。具有最高性能的超級電腦被用於非常複雜的科學工程計算，例如

中長期天氣預報、地震板塊運動模擬、全球環境分析、地質資訊處理、核試驗模擬、航太模擬等。

　　電腦技術便於我們透過科學探索世界的複雜性，科學研究又反過來造福於電腦技術。科學和技術總是相輔相成，互相推波助瀾。科學始於探索，技術立足於應用。探索能發現自然之美，應用則創造人工之巧。美之事物必能找到應用的途徑，而新穎的技術構思又總能反射出理論的光輝。科學之美與計算技術之新成果總是息息相關、相互輝映。

　　近幾年高速發展的機器學習和人工智慧，也被用於科學研究中。例如，如果機器可以自動學習、從大量的資料中找到規則，進而有能力做出預測。人工智慧讓過去只能透過人類或動物智慧解決的問題也能透過電腦系統迎刃而解；機器人是自動執行工作的機器設備，而人工智慧則可以讓機器人快速、精準處理大量資料。簡單來說，機器人像是人的「身軀」，人工智慧是人的「腦」。

　　現在，研究的對象變得越來越大，研究範圍越來越廣，嚴格的傳統科學方法很難使用，更多情況會依賴於龐大的資料庫和統計分析的結果。目前最新的研究方式是，透過設備採集資料或模擬器模擬（蒙特卡羅方法）產生的數據，儲存在資料庫中。然後，採用資料探勘、機器學習等方法來分析相關數據，並發現其中的相關知識和規律。

尾聲　科學與文明社會

　　從人類誕生到現在，文明社會加速發展。遠古時代就不用說了，從西元前 3000 年到 18 世紀，這近 5000 年中發生的變化遠遠少於近 300 年中發生的變化。再看近一點，近 100 年來人類物質文化生活方面的變化，又要遠甚於前 200 年的變化。18 世紀的人類，生活方式與古埃及或古中國的生活方式差不多。但將我們現在的生活與 300 年前人們的生活相比，卻是截然不同。

　　人類文明社會的加速變化，與科學的誕生和發展分不開。科學革命促進了其他方面的革命，諸如工具革命、農業革命、工業革命、商業革命、知識革命、金融革命等。

　　有關科學革命的根源，本書中已經有所探討。而工業革命的根源是什麼呢？可以認為是科學。或者進一步說，是科學和技術的結合。

　　第一次工業革命，始於蒸汽機的發明帶來的機械化，這與物理學中牛頓古典力學以及熱力學的建立和發展密切相關；第二次工業革命以電力的大規模應用為代表，電燈的發明為標誌，亦即電氣化。顯而易見，電氣的應用是以法拉第的研究及馬克士威電磁理論為基礎的；第三次工業革命則是電腦發展帶來的數位化革命和資訊技術革命。這其中，半導體、積體電路的科學研究功不可沒，而網際網路和電腦本身，也是應科學研究的需求而誕生的。

古代東方社會中的科學和技術是分離的，主要是因為從事
這兩個領域的人員的分離。玩科學的是更為上層的人物，而研
究技術的屬於工匠平民等下層百姓。之後，東方集權制度和封
閉社會使兩者距離越拉越遠，而西方社會的環境卻促成了兩方
面的融合。

　　儘管過去了的科學革命和工業革命都發源於西方，但它們
都是全體人類的共同財富，我們既能使用它，也能壯大它，使
其發揚光大，更加造福於人類文明社會。

　　如今的時代，並不是文明進展的終結，將來還會不斷地有
新發展、新革命。下一輪的科學技術革命，可能是科學技術中
各門學科和領域更為融合一起的革命，科學在其中仍然會扮演
一個重要的、主導的作用。因此，我們有必要深入研究所謂「科
學」的特徵和屬性，期待為即將到來的革命貢獻力量。

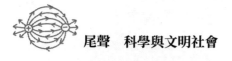

附錄

泰利斯（Thales，約西元前 624 ～前 546），古希臘哲學先賢，第一位科學家，米利都學派。

阿那克西曼德（Anaximander，約西元前 610 ～前 545），古希臘哲學家，泰利斯的學生。

阿那克西美尼（Anaximenes，約西元前 570 ～前 526），古希臘哲學家，阿那克西曼德的學生。

赫拉克利特（Heraclitus，西元前 540 ～前 480），古希臘哲學家，愛菲斯學派。

畢達哥拉斯（Pythagoras，西元前 570 ～前 495），古希臘數學家，畢達哥拉斯學派。

希帕索斯（Híppasos，約西元前 500），古希臘數學家，畢達哥拉斯學派，發現無理數。

孔子（西元前 551 ～前 479），儒家鼻祖。

芝諾（Zeno，西元前 490 ～前 430），古希臘哲學家，伊利亞學派，提出芝諾悖論。

希羅多德（Herodotus，約西元前 484 ～前 425），古希臘歷史學家。

墨翟（亦稱墨子，約西元前 479 ～前 381），古代中國哲學家，墨家學派，著有《墨經》。

菲洛勞斯（Philolaus，西元前 470 ～前 385），畢達哥拉斯學派，中心火宇宙模型。

蘇格拉底（Socrates，西元前 470 ～前 399），古希臘（雅典）哲學家，教育家。

柏拉圖（Plato，西元前 427 ～前 347），古希臘（雅典）哲學家，蘇格拉底的學生。

歐多克索斯（Eudoxus，西元前 408 ～前 355），古希臘數學家，窮竭

附錄 ———————————————

法首創者。

扁鵲（西元前 401～前 310），春秋時期中國醫學代表人物。

亞里斯多德（Aristotle，西元前 384～前 322），古希臘（雅典）哲學家，柏拉圖的學生。

歐幾里得（Euclid，西元前 325～前 265），古希臘數學家，著《幾何原本》。

希羅菲盧斯（Herophilus，西元前 335～前 255），古希臘醫生，第一個解剖學家，發現了神經系統。

亞歷山大大帝（Alexander the Great，西元前 356～前 323），馬其頓王國國王，曾師從亞里斯多德。

阿里斯塔克斯（Aristarkhos，西元前 310～前 230），最早記載提出日心說的人。

皮西亞斯（Pytheas，約西元前 325～不詳），古希臘航海家和地理學家。

阿基米德（Archimedes，西元前 287～前 212），古希臘哲學家、數學家、物理學家。

阿波羅尼奧斯（Apollonius，西元前 262～前 190），天文學家，第一個合理推導出日心論者。

埃拉托斯特尼（Eratosthenes，西元前 276～前 194），古希臘天文地理學家。

塞琉西亞的塞琉古（Seleucus of Seleucia，西元前 190～約前 150），古希臘天文學家。

喜帕恰斯（Hipparkhos，西元前 190～前 120），或譯希帕求斯。他記載了 1000 多個恆星的位置和亮度。

落下閎（西元前 156～前 87），西漢天文學家，渾天說創始人之一，製造渾天儀。

張衡（78～139），東漢的天文學家，解釋和確立渾天說。

托勒密（Claudius Ptolemaeus, 約 90 ～ 168），數學家、天文學家和地理學家。

蓋倫（Galen, 129 ～ 200），古羅馬的醫學家及哲學家。

丟番圖（Diophantine，約 246 ～ 330），被譽為「代數之父」，是第一個將符號引入代數的數學家。

劉徽（225 ～ 295），三國時期研究的割圓術。

祖沖之（429 ～ 500），南北朝時期數學家、天文學家和機械製造家。

希帕提亞（Hypatia, 370 ～ 415），歷史上第一位女數學家。

花拉子米（Khwarizmi，約 780 ～約 850），阿拉伯時代波斯數學家、天文學家。

沈括（1031 ～ 1095），北宋著名科學家，代表著作《夢溪筆談》。

尼古拉斯·哥白尼（Nicolaus Copernicus, 1473 ～ 1543），波蘭天文學家、數學家。

拉斐爾·聖齊奧（Raffaello Sanzio, 1483 ～ 1520），文藝復興藝術三傑之一。

達文西（da Vinci, 1452 ～ 1519），文藝復興藝術三傑之一。

米開朗基羅（Michelangelo, 1475 ～ 1564），文藝復興藝術三傑之一。

唐伯虎（1470 ～ 1524），明代著名畫家、書法家。

文徵明（1470 ～ 1559），明代著名畫家、書法家。

喬爾丹諾·布魯諾（Giordano Bruno, 1548 ～ 1600），義大利思想家、自然科學家、哲學家和文學家。

第谷·布拉赫（Tycho Brahe, 1546 ～ 1601），丹麥天文學家。

約翰內斯·克卜勒（Johannes Kepler, 1571 ～ 1630），德國天文學家。

伽利略·伽利萊（Galileo Galilei, 1564 ～ 1642），義大利物理學家。

威廉·哈維（William Harvey, 1578 ～ 1657），英國生理學家和醫生，發現血液循環。

附錄

卡瓦列里（Cavalieri, 1598 ～ 1647），義大利幾何學家。

利瑪竇（Matteo Ricci, 1552 ～ 1610），明朝萬曆年間來到中國傳教的義大利傳教士。

徐光啟（1562 ～ 1633），明代進士出身的翰林，與利瑪竇一起翻譯歐幾里得的《幾何原本》。

馬爾切洛·馬爾比基（Marcello Malpighi, 1628 ～ 1694），義大利醫學家。

萊布尼茲（Leibniz, 1646 ～ 1716），德國哲學家。

安托萬·拉瓦節（Antoine Lavoisier, 1743 ～ 1794），法國貴族，著名化學家、生物學家，被後世尊稱為「近代化學之父」。

黑格爾（Hegel, 1770 ～ 1831），德國哲學家。

高斯（Gauss, 1777 ～ 1855），德國數學王子，物理學家，天文學家。

法蘭西斯·培根（Francis Bacon, 1561 ～ 1626），英國哲學家。

勒內·笛卡兒（René Descartes, 1596 ～ 1650），法國著名哲學家。

查爾斯·達爾文（Charles Darwin, 1809 ～ 1882），博物學家，出版《物種源始》這部演化生物學歷史上最著名的著作。

萊昂·傅科（Léon Foucault, 1819 ～ 1868），法國物理學家，發明傅科擺，證實地球自轉。

格雷高爾·約翰·孟德爾（Gregor Johann Mendel, 1822 ～ 1884），奧地利遺傳學家，發現孟德爾遺傳定律。

伯特蘭·羅素（Bertrand Russell, 1872 ～ 1970），英國哲學家。

埃米·諾特（Emmy Noether, 1882 ～ 1935），德國女數學家。

卡爾·波普爾（Karl Popper, 1902 ～ 1994），奧地利哲學家。

克勞德·夏農（Claude Shannon, 1916 ～ 2001），美國數學家、電子工程師和密碼學家，被譽為資訊論的創始人。

賽門·拜倫·科恩（Simon Baron-Cohen, 1958—），英國研究自閉症的心理學家。

喬治·伽莫夫（Gamow, 1904 ～ 1968），俄裔美籍物理學家。

利類思（Ludovicus Buglio, 1606 ～ 1682），耶穌會義大利教士，清朝時翻譯《獅子說》、《進呈鷹說》等書引進中國。

亞特洛望地（Aldrovandi, 1522 ～ 1605），義大利博洛尼亞大學自然史的教授與科學家，1574 年出版關於藥材的論著。

湯馬斯·亨利·赫胥黎（Thomas Henry Huxley, 1825 ～ 1895），英國博物學家、教育家，所著《天演論》經由嚴復翻譯引進中國。

吳文俊（1919 ～ 2017），中國數學家。

史蒂芬·威廉·霍金（Stephen William Hawking, 1942 ～ 2018），英國理論物理學家、宇宙學家及作家。

托里切利（Torricelli, 1608 ～ 1647），義大利物理學家，發明氣壓計。

布萊士·帕斯卡（Blaise Pascal, 1623 ～ 1662），發明機率論的法國科學家。

羅伯特·波以耳（Robert Boyle, 1627 ～ 1691），英國化學家，代表作《懷疑派化學家》。

克里斯蒂安·惠更斯（Christiaan Huygens, 1629 ～ 1695），荷蘭物理學家。

艾薩克·牛頓（Isaac Newton, 1643 ～ 1727），英國物理學家、數學家、天文學家和自然哲學家。

亨利·卡文迪西（Henry Cavendish, 1731 ～ 1810），英國物理學家、化學家。

麥可·法拉第（Michael Faraday, 1791 ～ 1867），英國物理學家。在電磁學方面做出了偉大貢獻，被稱為「電學之父」和「交流電之父」。

詹姆斯·克拉克·馬克士威（James Clerk Maxwell, 1831 ～ 1879），英國物理學家、數學家。經典電動力學的創始人，統計物理學的奠基人之一。

格雷高爾·約翰·孟德爾（Gregor Johann Mendel, 1822 ～ 1884），

附錄 ━━━━━━━━━━━━━━━━━━━━━━━━━━━━━━━━━━━

奧地利遺傳學家，天主教聖職人員，遺傳學的奠基人。

伊凡‧巴夫洛夫（Ivan Pavlov, 1849～1936），俄羅斯生理學家、心理學家、醫生。

埃爾溫‧薛丁格（Erwin Schrödinger, 1887～1961），奧地利理論物理學家，量子力學的奠基人之一，1933 年獲得諾貝爾物理學獎。

阿爾伯特‧愛因斯坦（Albert Einstein, 1879～1955），生於德國，移民美國，狹義相對論和廣義相對論的創立者，量子力學的創建人之一。

尼爾斯‧亨里克‧達維德‧波耳（Niels Henrik David Bohr, 1885～1962），丹麥物理學家，1922 年榮獲諾貝爾物理學獎。

約翰‧惠勒（John Wheeler, 1911～2008），美國物理學家、物理學思想家和物理學教育家。

伯納斯－李（Berners-Lee, 1955～），英國電腦科學家。全球資訊網的發明者。

詹姆斯‧華生（James Watson, 1928～），美國分子生物學家，因發現 DNA 的雙螺旋結構，榮獲 1962 年諾貝爾生理學或醫學獎，被譽為「DNA 之父」。

法蘭西斯‧克里克（Francis Crick, 1916～2004），英國生物學家、物理學家及神經科學家。因發現 DNA 的雙螺旋結構，榮獲 1962 年諾貝爾生理學或醫學獎。

莫里斯‧威爾金斯（Maurice Wilkins, 1916～2004），英國分子生物學家，因發現 DNA 的雙螺旋結構，獲得 1962 年諾貝爾生理學或醫學獎。

理查‧費曼（Richard Feynman, 1918～1988），美國理論物理學家，量子電動力學創始人之一，獲得 1965 年諾貝爾物理學獎。

薩爾瓦多‧盧里亞（Salvador Luria, 1912～1991），出生於義大利的美國微生物學家。因為關於噬菌體在分子生物學方面的研究，而獲得了 1969 年的諾貝爾生理學或醫學獎。

馬克斯‧德爾布呂克（Max Delbrück, 1906～1981），德裔美籍生物

物理學家，因為關於噬菌體在分子生物學方面的研究，而獲得了 1969 年的諾貝爾生理學或醫學獎。

艾爾弗雷德·赫希（Alfred Hershey, 1908 ～ 1997），美國細菌學家與遺傳學家，因為關於噬菌體在分子生物學方面的研究，而獲得了 1969 年的諾貝爾生理學或醫學獎。

保羅·伯格（Paul Berg, 1926 ～），美國生物化學家。因完成世界首次分子尺度上的基因重組、創立現代基因工程技術而與華特·吉爾伯特以及弗雷德里克·桑格共同獲得 1980 年諾貝爾化學獎。

史蒂文·溫伯格（Steven Weinberg, 1933 ～），美國物理學家，1979 年獲得諾貝爾物理學獎。

楊振寧（Chen-Ning Yang, 1922 ～），美國理論物理學家，現為中國籍，知名於規範場理論，因發現弱相互作用的宇稱不守恆定律而獲得 1957 年諾貝爾物理學獎。

李政道（Tsung-Dao（T. D.）Lee, 1926 ～），美國華人物理學家，主要知名於宇稱不守恆定律，獲得 1957 年諾貝爾物理學獎。

西德尼·奧爾特曼（Sidney Altman, 1939 ～），加拿大分子生物學家，現為耶魯大學分子、細胞和發育生物學及化學斯特林教授。獲得 1989 年諾貝爾化學獎。

湯馬斯·羅伯特·切赫（Thomas Robert Cech, 1947 ～），美國化學家，因為對 RNA 的催化作用的研究獲得 1989 年諾貝爾化學獎。

巴里·J. 馬歇爾（Barry J. Marshall, 1951 ～），澳洲微生物學家，2005 年獲得諾貝爾生理學或醫學獎。

電子書購買

國家圖書館出版品預行編目資料

可以，這很科學：墨子早就懂針孔成像？春秋時期擁有專業外科團隊？圓周率、開平方根、多項式通通難不倒古人！ / 張天蓉著 . -- 第一版 . -- 臺北市：崧燁文化事業有限公司，2022.08
　面；　公分
POD 版
ISBN 978-626-332-565-4(平裝)
1.CST: 科學 2.CST: 歷史
309　　　111010942

可以，這很科學：墨子早就懂針孔成像？春秋時期擁有專業外科團隊？圓周率、開平方根、多項式通通難不倒古人！

臉書

作　　　者：張天蓉
發 行 人：黃振庭
出 版 者：崧燁文化事業有限公司
發 行 者：崧燁文化事業有限公司
E - m a i l：sonbookservice@gmail.com
粉 絲 頁：https://www.facebook.com/sonbookss/
網　　　址：https://sonbook.net/
地　　　址：台北市中正區重慶南路一段六十一號八樓 815 室
Rm. 815, 8F., No.61, Sec. 1, Chongqing S. Rd., Zhongzheng Dist., Taipei City 100, Taiwan
電　　　話：(02) 2370-3310　　　傳　　　真：(02) 2388-1990
印　　　刷：京峯彩色印刷有限公司（京峰數位）
律師顧問：廣華律師事務所 張珮琦律師

── 版權聲明 ──

定　　　價：350 元
發 行 日 期：2022 年 08 月第一版
◎本書以 POD 印製